信息管理与通信工程

何海浪◎著

吉林科学技术出版社

图书在版编目（CIP）数据

信息管理与通信工程 / 何海浪著. -- 长春：吉林
科学技术出版社, 2017.12
ISBN 978-7-5578-1757-2

Ⅰ.①信… Ⅱ.①何… Ⅲ.①信息管理－高等学校－
教材②通信工程－高等学校－教材 Ⅳ.①G203②TN91

中国版本图书馆 CIP 数据核字(2017)第 006236 号

出 版 人 李 梁
选题策划 刘宏伟
责任编辑 许晶刚
制   版 广州红豆印业有限公司
开   本 787mm×1092mm 1/16
字   数 390 千字
印   张 14.5
印   数 1—1000 册
版   次 2018 年 2 月第 1 版
印   次 2022 年 9 第 2 次印刷
出   版 吉林出版集团
          吉林科学技术出版社
发   行 吉林科学技术出版社
地   址 长春市人民大街 4646 号
邮   编 130021
发行部电话/传真 0431-85677817 85635177 85651759
85651628 85600611 85670016
储运部电话 0431-84612872
编辑部电话 0431-85642539
网   址 www.jlstp.net
印   刷 广州红豆印业有限公司
书   号 ISBN 978-7-5578-1757-2
定   价 78.00 元

前　言

从发达国家及地区的集群通信网络现状和发展趋势来看，使用部门自建或拥有的专用网正在迅速萎缩，他们开始全部转向利用投资商建设的共网来实现功能性的专用调度通信要求。集群通信服务越来越走向专业化和社会化，这已经成为公认的集群通信发展的世界性潮流。随着人类社会的发展，通信已成为现代人类社会的反应神经系统，而集群通信作为现代通信中重要的一类通信方式，早在20世纪60年代就已经出现了雏形，由于集群通信技术在移动通信领域中具有频率资源和网络资源利用率高，易于实现广域网络覆盖，且建网效果好等特点并于20世纪70年代末80年代初，进入到快速发展阶段。早先模拟集群通信系统主要应用在户外作业的移动用户的指挥调度通信上。随着中国社会、经济、城市管理水平的发展和进步，如北京、上海、天津、重庆、广州都建设了数字集群指挥调度网络。

为了应对目前国内信息管理的突发事件频发，设施遭受重大破坏的极端情况下，供应出现暂停，常规通讯手段处于瘫痪状态，需要建设坚强的、全面的信息管理综合通信系统。当前的应急通信系统的建设程度和水平与实现坚强智能电网的战略目标和要求还是有很大的差距的，迫切需要利用新的网络技术与多媒体技术提高应急通讯系统的通讯一体化、网络多样化水平，以满足坚强智能管理的要求，为信息管理提供必要的后备保障。

目　录

第1章 信息管理与通信系统应用的现状

1.1 信息管理与通信系统应用的发展现状

1.1.1 通信的发展历程

我国的通信系统，经历了一个较快的发展时期。几十年内，经历了一个从纵横交换到程控交换，从明线和同轴电缆到光纤传输从模拟网到数字通信网，从定点通信到移动通信以及从主要面向硬件到主要面向软件技术的发展阶段变化。通信系统的发展历程大致分为以下几个时期：

（一）古代原始的应急通信

古代原始的应急通信手段，主要依靠自身的听觉和视觉来传递紧急信息，比较典型的应急通信方式有烽火台。击鼓传声等。后有信鸽、火箭、八百里加急军报等，古代应急通信手段、信息传递慢，往往需要一天或者几天时间，才能将紧急的信息传递到指挥中枢。

（二）四十年代至五六十年代

通信的发展始终与电网的发展相同步，互相支持互相配合 在我国，四十年代，主要以东北输电线为主，除城市外，其他地区都较为孤立，且明线电话在当时占主要地位，长距离调度所使用的载波机主要依靠日本机器随着五六十年代我国用电量的明显剧增，东北电网又向华北地区扩散，建成了华北电网，但我国的公网通信仍然较为落后。

（三）七十年代

七十年代初期开始，我国的通信系统开始在一些信息需求量大和重要部门采用微波通信；到末期，我国的通信系统又有了进一步发展，线载波通信占主导地位，其它有小容量（120路以下）FDM 模拟微波、邮电多路载波、电缆及架空明线等，我国的电网已经扩大到拥有华北、东北和华东三大电网，部分地区开始形成自己的独立通信网络。此阶段我国通信以音频、载波、模拟微波等通信方式为主，不过全国范围内，大多地区十万千瓦以上的电网没有通信干线，且通信电路不太健全，自动化水平不高，部分地区还经常出现停电现象，通信系统的落后成为我国工作的薄弱环节之一，我国的工农业生产带来了较大影响，与国外差距仍然较大。

（四）八十年代

八十年代是我国通信的高速发展时期，随着大规模集成电路的发展，出现了数字微波 光纤通信和程控交换机等。大电站、大机组、超高压输电线路不断增加，电网规模越来越大。承接七十年代末的系统数字化网络的建设，八十年代，我国开始建设专用通信网。此阶段，数字微波、卫星通信、光纤通信 移动通信、对流层散射通信、特高频通信、数字程控交换机等得到了推广与运用。当然，电网的飞速发展也为电网的管理和技术提出了新的要求，我国紧跟时代脚步，自上而下成立了通信网建设和管理的专门机构，并逐步形成和完善了一套指导建设通信网的技术政策，制订了有关通信的规章制度和技术要求。培养出了一批熟悉通信设计、建设、运行、维护、管理的人才，在政策和制度方面加强了力量建设。

（五）九十年代

九十年代，我国的通信系统发展较快，有了进一步提高，新技术和新设备的应用更快更灵活，在其他网络上，例如传输网和交换网等得到了进一步的完善，并开始引入一批高新网络技术，为现在的通信发展打下了良好基础。

（六）二十世纪以后

随着信息时代的到来，社会对信息传递、存储、处理要求越来越高。信源种类越来越多，除了语音、图像数据等信息传输要求也逐步出现。光通信技术的日益成熟及微电子技术快速发展，使得通信技术有了突飞猛进的发展，以因特网为代表的新技术正在改变传统的通信概念和体系。在新的通信条件下，出现了像互联网应急通信等新的应急通信方式。此阶段我国使用的线载波机仍是国外进口，在向苏联进口的同时我国开始自行研发生产在此，国内许多企业也在积极研发应急通信相关产品，如中兴的 GT800、华为的 GOTA 和中科院浩瀚迅无线技术公司的 MiWAVE 等。08 年，国家电网公司建设了卫星通信、以应急通信车位主要承载方式的应急通信系统，标志着机动应急通信系统的正式建立。最开始的应急通信系统只是解决调度电话、调度自动化及部分继电保护和安控信息的传送。

随着各地开展了应急通信系统建设的研究，超短波及无线集群通信系统开始在部分地区开始应用。为适应电网发展的需要和快速提高应对各种突发事件的处置能力，国网公司党组高度重视，迅速启动了应急体系建设工作，在各网省公司都建设了应急指挥中心，以移动通信车为标志的应急通信系统建设也初具规模，国网系统的应急体系已经形成。

为了更好的进行信息管理与网络系统的建设，进一步提升其应对突发事件、专项供电、重大活动和重要设备供电通信保证的能力，结合目前我国通信网络的发展现状，应具体开展以下工作：第一，加快信息管理与网络的建设，提升通信保障能力；第二，有效的吸收外部资源和技术，并结合我国通信的实际，进行改进补充，提升通信系统抵御灾害的能力；第三，加快卫星通信系统的建设，发挥卫星对通信系统建设的作用；第四，加强移动通信站的建设和管理，切实保证信息管理网络的抵御灾害能力；第五，利用通信网络系统，加快视频监控技术的应用管理，提升电网的预测的能力；第六，加快应急体制和管理机制的建设，提高电网系统处理突发事件的能力。

1.1.2 通信技术在信息管理体系中的应用和发展前景

通信技术作为信息管理系统的辅助工具，主要用于信息管理系统中的信息采集模块以及各模块之间的通信。通信技术的发展，比如 3G 技术的应用，也极大促进了信息管理体系的发展。信息管理管理过程一般包括监控预警、应急响应和事后恢复三个阶段。在不同的阶段，通信技术发挥着不同的作用。

1.通信技术在监控预警中的应用

系统的监控预警包括制定信息管理预案及流程，识别危险源，缓解危机等内容，可以将其与系统的日常运行结合起来。通常，我们利用通信技术采集系统的各种运行信息，设定安全阈值，当采集到的数据出现异常时，发出预警。同时，采集到的相关信息也可传送至决策支持系统，为决策提供依据。事实上，随着通信技术的发展，我们还可以实现与其他相关部门建立联系，比如国家减灾中心，及时获取各种灾害信息，提高电网防御自然灾害的能力。

2.通信技术在信息管理响应中的应用

当系统突发事件被监测出且无法控制其发展和造成的影响时，就应该启动相应的应急过程。如果是源于系统本身的突发事件，则首先根据采集到的来自系统不同结点的信息判断突发事件发生的位置及原因，然后考虑暂时性的最快的恢复供电的方法。例如，通过各区域之间的通信渠道，找出离出事点最近最便捷的可替代的供电线路，先恢复供电以便于修复。如果是自然灾害造成的突发事件，则需根据采集到的与自然灾害相关的信息实时作出决策。重大自然灾害往往会造成多个不同地区的系统的破坏，还有可能引发其它灾害，造成对系统的持续破坏。这就需要协调各地区子电网之间的应对资源和先后顺序问题。利用通信技术对事发地区的信息进行采集，再传送至信息处理模块，评估各地区的可恢复性和重要程度等指标，将结果送至决策支持系统，作出相应的决策。这是个动态过程，随着信息的不断变化，需要不断修改决策。另外，信息管理响应过程对信息获取的及时性要求较高，先进的通信技术恰好提供了解决方法。

3.通信技术在恢复过程中的应用

系统遭到破坏后，要及时恢复至正常运行状态才能终止应急响应，重新进入监控阶段。在这个阶段，通信技术的作用主要体现在对动态反馈信息的采集和处理中，直至得到的反馈信息显示为正常水平。总之，通信技术贯穿着整个信息管理管理过程，在不同的阶段担负着不同的使命。其实，不同种类的通信技术也分别起着不同的作用。例如，卫星通信可作为移动应急和重要厂站的备用应急通信方式，建立应急救援卫星通信系统；无线移动视频通信系统可实现救援现场短距离音、视频通信功能，满足抢险救灾现场图像、视频、声音实时传输与交互的需要；移动应急指挥系统具有在救援现场与指挥中心进行数据交换以及通过语音、视频、ip 电话进行实时、双向通信的能力，并可支持救援工作现场与各方领导、专家的视频会议；无线数字集群通信系统可根据企业实际情况，因地制宜，根据需要来建设。在社会经济和人民生活中的重要性逐年增高，使得信息管理体系的地位也相应越来越显著。通信技术作为信息管理体系中不可或缺的一部分，为保证信息管理体系的运行做出巨大的贡献。通信技术的日新月异，必将带来信息管理体系的大幅进步。虽然面临的问题很多，但并不是说桌面虚拟化将就此止步，还没有哪种技术是不存在潜在缺陷甚至陷阱的。需求，当人们有这个需求时，一切问题都不再成为问题！现在人们对虚拟化已经有了需求，而且这个需求是不断深化的。云计算的一个核心思想就是在服务器端提供集中的计算资源，同时这些计算资源要独立地服务于不同的用户，也就是在共享的同时，为每个用户提供隔离、安全、可信的工作环境。虚拟化技术将是云计算的一个基础架构。通俗地说，云计算实际上是一个虚拟化的计算资源池，将大量用网络连接的计算资源统一管理和调度，构成一个计算资源池向用户按需服务，通过不断提高"云"的处理能力，进而减少用户终端的处理负担，最终使用户终端简化成一个单纯的输入输出设备，并能按需动态调动资源，每个用户都有一个独立的计算执行环境来享受"云"的强大计算处理能力。由此，桌面虚拟化可以为云计算的发展提供一个自适应、自管理的灵活基础架构。随着人们对桌面虚拟化好处的认知的提高，以及对桌面虚拟化的需求的提出，相关技术的不断完善，桌面虚拟化必将普及，年轻的桌面虚拟化将会迎来更多的发展机遇和进一步的需求。

1.2 信息管理与系统的现状

近年来，电网安全是社会公共安全的核心内容之一，因为现代社会对的依赖性不言而喻，一旦失去了供应，整个的社会活动都将陷入瘫痪。系统在 20 世纪 90 年代开始配置的海事卫星电话主要应用于线路巡线而非通信系统。2000 年左右未解决偏远电厂的生产通信问题,少量的 VSAT(Very Small Aperture Ter-minal,甚小口径卫星终端站)卫星通信系统开始应用。系统突发事件是指电网故障、供电设施因设备故障、等自然灾害突发事件,造成的供电中断。信息管理指挥是对系统出现的重大电网事故、突发灾害进行数据的收集、分析,对应急系统进行辅助决策,对应急资源记性组织、协调和管理控制,实行对系统突发事件进行预警、防范。国外在电网应急管理规章制度和管理机制上的建设比较完善,发达国家大多都是在法律和法规方面对应急给出详细的要求,成立应急管理协调部门。自从 8.14 停电事故后,国内外的安全电网预警、紧急控制和恢复开展了大量的研究。但中国特别是在电网应急指挥技术支持系统的研究和开发方面还处于起步阶段。2010 年国家电网公司应急通信水平迈上了一个新台阶,进一步增强应对突发事件的能力。系统通信资源管理系统的建设还处于起步和研究阶段,山东公司通信资源管理系统已经初步建成。由于通信资源管理系统的建设不是短时间能够解决的问题,通信资源管理系统的数据大多采用静态人工录入式,不能全部直接读取数据,所以效率大大降低。

1.2.1 国内研究现状

我国应急保障体系方面的研究相对较晚,到目前,我国已建立了救灾储备物资管理制度,在全国构建了救灾储备仓储网络,并正在加快国家安全生产应急救援基地建设,信息与指挥系统建设也正在全面展开。

为了建立和完善信息管理指挥、协调机制,根据《国务院关于全面加强应急管理工作的意见》要求,国家监管委员会印发了《关于进一步加强信息管理管理工作的意见》、《关于深入推进企业应急管理工作的通知》以及《关于加强信息管理体系建设的指导意见》,明确了信息管理管理工作的指导思想和工作目标,同时对加强信息管理管理规划和机制体制建设等提出了具体要求。科学、高效、有序地处理大面积停电等突发事件,需要信息汇总及时、沟通便利的应急平台,需要专业的应急处置队伍和必要的应急物资储备做保障，需要各方面的应急救援力量做支撑。

对比于国外来讲，信息管理与的应急预案不完善与外界的联动机制不健全；应急队伍的建设存在分布不均，培训不到位，不能满足区域信息管理需求的情况。目前，通信网只要是以电网站点作为通信站，利用电网线路架构设光缆形成的光纤通信网，应急情况下可能会出现由于光纤通信移动性差、受地理条件限制等原因。系统通信网络存在较多的盲点，往往覆盖不到事件的现场；突发事件的随机性，无法提前进行现场的通信系统建设，遇到现场不畅或是通信盲区时，会给现场工作带来困难。现场的情况多变而且特别复杂，传统的以话音为主的模式已不能满足要求。应急指挥需要现场视频信号以准确及时掌握现场的实际状况；事件现场如不能接入省公司局域网等应用系统，将会影响抢险效率。由此可见，应急通信具有时间和地点不确定性、通信需求不可预测性、业务紧急性、网络构建快速性和过程短暂性等特点。

1.2.2 国外研究现状

对于国外发达国家，应急救援工作已经成为整个国家危机处理的一个很重要的组成部分，应急保障建设也较为完善，为其国家的应急管理工作提供了重要支持。其中，比较有代表性的是美国、俄罗斯、澳大利亚、日本的应急保障建设。

美国不仅有较完善的突发事件应急资金管理制度，还建立了消防、医疗、警察和海岸警卫队等专职应急救援队伍。澳大利亚也成立了应急管理署（EMA），负责所有类型的灾害，在灾害的预防、准备、响应和恢复方面，EMA通过一系列的在州和地区的训练、响应、计划、装备、志愿人员等援助计划来实现。日本近年成立了"防灾省"，建设了专业的救援队伍，建立了从中央到地方的防灾减灾信息系统及应急反应系统，该系统具有信息传递快速准确、物资储备能力较高等特点。

国外在电网应急管理规章制度和管理机制上的建设比较完善，许多发达国家都在法律和法规方面对应急管理给出详细要求，并成立了专门的应急管理协调部门。在北美电网发生"8·14"大停电事故后，国内外在电网的安全预警、紧急控制和恢复控制方面开展了大量研究和技术开发。而实际上，这些研究都是围绕着调度自动化系统展开的。在电网出现影响社会各个方面的大规模停电事故时，调度自动化系统并不能完全满足公共安全应急处理的需要。

1.2.3 信息管理管理现状

（一）建立了信息管理预案体系

信息管理预案体系是目前信息管理管理的核心。预案体系的建立使 事故发展得到控制，缩小影响范围，延缓发展速度，并使各相关部门的分工合作、有章可依，避免突发事件发生而各部门各单位手足无措 的尴尬局面。过去十年，各企业结合实际制定了不同层次、不同类型的事故抢险、事故处理和电网恢复等应急预案，并形成了"纵向到底，横向到边"的预案体系。所谓"纵"，就是按垂直管理的要求，从国家到省到市、县、乡镇各级政府和基层单位都制订了应急预 案；所 谓"横"，就是所有种类的突发公共事件都有部门管，都制订了专项预案和部门预案。相关预案之间做到了互相衔接，逐级细化。预案的层级越低，各项规定就越明确、越具体。目前，南方电网公司，国家电网公司下属的华北、东北、华东、华中、西北电网及 31 个省（区、市 ）电网（）公司制定了各自应对电网重、特大突发事件的应急预案及配套的专 项预案。其中，国家电网公司总部制定了"总体预案"+"16 项专项预案"的预案体系，专项预案包括 2 项自然灾害类专项预案，8 项事故灾害类专项预案，1 项公共卫生类专项预案和 5 项社会安全类专项预案，涵盖了所有现今需要特别注意的电网典型事故。全国 310 多个地（市）供电（电业）公司及其基层单位，均制定了相应的应急方案。全国各主要发电企业，分别制定了总体应急预案及多项专预案 。

（二）建立了信息管理管理体系

我国已经成立了电网大面积停电事件应急领导小组，负责统一协调领导全国大面积停电事件应急处置工作，并建立健全了集中统一、坚强有力的组织指挥机构，并形成强大的社会动员体系。形成了以事发属地政府为主、部门和相关地区协调配合的领导责任制，培养了一批信息管理处置专业人才和专家队伍。国家电网公司、南方电网公司以及各主要发电公司所属的供应和生产企业，都按照要求建立了相应的应急管理的组织体系，保证信息管理管理工作的组织和开展，加强了应急抢修、抢险队伍的建设，增强了快速应对突发事件的能力。

（三）建立了信息管理运行机制

我国部门已经形成了健全的事故监测预警机制，涵盖自然灾害类、公共卫生类、社会安全类、事故灾害类各类电网事故，充分做好了信息管理的预防阶段工作；形成了一个信息畅通高效的信息报告机制，保证信息管理信息快速到达相关领导决策层；形成了完善的应急决策和协调机制、分级负责和响应机制，保证突发事件发生后，有效快速的的作出相应的决策，促使突发事件有效得到控制；形成了有效的公众沟通与动员机制、资源的配置与征用机制，奖惩机制等等，使信息管理工作的展开有条不紊。

（四）建立了信息管理法制保障

我国从2011年开始出现了涉及信息管理的专项法律、行政法规和部门规章，这些法律法规和文件构成了我国信息管理管理法制基础，为信息管理的开展和实施提供了法律保障，促使信息管理管理健康良好的发展，使信息管理有章可依，加规范，为信息管理的发展提供了良好的环境。可以说，当前行业已经建立并完善了各类事故处理的应急预案体系，初步建立了高效的信息管理体制、机制和法制体系，初步形成了有系统、分层次、上下一致、分工明确、相互协调、信息畅通的信息管理体系，并取得了较为明显的成效。

1.3 信息管理与存在的问题

1.3.1 信息管理与在早期存在的问题

我国信息管理与系统经过 2 年的发展，已初具一定规模和应急指挥能力，但尚处于初级发展阶段，存在以下几点问题：1.技术装备简单，集成度、灵活性不够。 现有的应急通信系统只是简单的系统集成，2.设备集成度差、不便携性，难以在真正需要时发挥作用；3.应急系统不完善，我国的通信网络，其标准和体制虽然符合国家和国际标准，但在系统的特点和要求下，其通信网络发展规范和标准都不完善，规划也不更新及时，这在新技术更新发展迅速的今日，通信网络管理标准不完善对通信网络的整体全面发展影响比较大；4.智能化程度不够，现有应急通信系统仅仅作为一种信息通信传输手段，还没有达到智能化和数据分析层次，无法给决策者辅助参考，起不到理想的作用；5.应急通信覆盖面窄。目前，应急通信系统仅覆盖到省调层面，部分网省公司卫星通信设备，通信手段单一、不能在第一时间进入现场，对应急救援最重要的"最后一公里"覆盖无法做到。没有形成统一的综合信息平台 目前的应急指挥中心、应急通信系统虽然集成了多种数据库，但各系统较为分散，数据融合不足，海量数据带来的信息冗余、信息差错等对指挥决策带来一定干扰，然而由于没有应急决策理论支撑，所有的应急指挥手段尚停留在人工手段。由此带来的资源浪费、低效甚至指挥决策错误导致应急救援的较低，还未进入现代化应急救援的层次；区域发展不平衡，在我国，各地经济发展水平、政策贯彻落实成都和科技运用程度的差异，每个地区的通信发展水平极不平衡。很多单位对方已经实现数字化、光纤化环网，该地区的电网及通信业务服务能力大大加强；而有些地区受地理和经济因素的共同制约，在发展速度上落后于发达地区，有的偏远到变电站连成最基本的调度电话都难以保证。

信息管理与的防冰手段还比较单一。通信特殊防冰技术如 OPGW 地线融冰虽然已有小规模的应用，虽然现在还存在这问题，但是这类技术比较有针对，更适合特殊场合。信息管理缺少宏观的、独立的、变化的对通信网架的动态分析，在应急项目上缺少对应急保障率的计算标准，不便于开展有效的对比、缺乏精确地、可靠地数据。应急通信网在未来会纳入国家级应急通信网络，所以更应该对公网互联互通的借口的储备考虑。

早期通信网系统分析在通信网应急系统建设的早期，对于一些规模不大的系统，为了进行统一的调度指挥和进行紧急事故处理，常常采用架空明线、线载波通信、或者是电缆通信等技术方式，形成单独的电话指挥应急系统；随着经济社会的快速发展和用电需求的快速增加，一些发电厂、变电站、以及用户的不断增加，一些分散的、小规模的供应系统已经很难满足社会发展的需求，这时候，单单靠电话进行的指挥调度，对一些突发的事件就很难妥善处理，在上世纪六七十年代，调度采用微波、高频、同轴电缆多路载波等通信方式，配合原有的线载波和架空明线组成的专用通信应急网络，能够使得我们及时了解系统的运行情况，实行正确的指挥调度，大大增强了处理紧急事件的能力。在以后的发展阶段中，一些比较先进的通信技术相继出现，比如数字化通信系统、卫星通信技术、光纤通信技术、远程交换机通信技术等。在通信网中得到了应用，起到了很重要的作用，成为保证系统运行安全和提升管理能力的不可或缺的组成部分。

1.3.2 现代通信网应急存在的问题

系统分析对于现代通信网来说，所涉及的面积更广，需要管理的事项更多，管理难度更大，技术要求也更高。总的来说，现代通信网应急系统建设需要满足以下五个要求：首先，能够随时进行电网运行操作的指挥和控制；此外，能够进行及时的维修和检测；还有就是能够进行科学的调度处理；能能够保证信息的随时交流；最后要求能够及时启用备用应急通信网络系统。

能够对电网运行操作进行时时指挥和控制。在电网运行过程中，要能能够保证调动的及时性、自动化和高效性。即是要求系统能够在一年 365 天每天 24 小时内，始终保持着高效率的运行状态，才能够在突发事件出现时，及时的进行处理，降低损失。

有能力对通信网的检修。信息管理与网的检修是一项十分重要的工作，同时，也是对技术要求比较高的工作，要有专门的电网应急系统的检修部门，保证定期维修、不定期抽查，才能保证信息管理与网络的正常运转；例如，在 2008 年我国南方突发的冰雪自然灾害，造成大面积的供应系统瘫痪，造成了不可估量的损失，就是因为不能够保证对系统随时进行维修，对突发的自然灾害的应急能力不足所导致。

对通信网络系统的管理供应系统涉及各个行业部门，对企业的行政、经济的计划、生产的技术处理、物质资源的供应、电费的管理等，除了传统的电话交换信息外，计算机网络系统已经日益成为信息管理系统的重要组成部分；可以进行错峰处理，比如，在夏日的白天和晚上进行供应的调整，保证系统供应的正常。

能够保证通信网络的建设。对于系统通信网络的建设，要求能够保证内部调度系统、地区调度系统、全国调度系统之间能进行及时的信息交流，对于这些通信网络的建设，要科学合理，做到不重复不遗漏，保证通信网的正常运转，能够及时进行的调度。

有自动保护系统的能力。对于一些突发的自然灾害，如大雪、大风、强降水等极端自然灾害，要能保证通信应急系统能够进行自我保护。比如，为区域发电厂和电网适配点配备高频保护盒远方跳闸、远距离切机保护信号系统等措施，确保信息管理系统不被突发事件摧毁，能够正常的运转使用。

1.3.3 通信系统分析应急管理上存在的问题

现在社会对的需求日益增加，越来越注重的应急需求，的不稳定或是供应不足可能会给社会和经济带来伤害和损失。常规的通信手段无法满足通信需求。应急通信正是为应对自然或人为紧急情况而提供的特殊通信机制，在公众通信网设施遭受破坏、性能降低、话务量突增的情况下，采用非常规的、多种通信手段组合的方式来恢复通信能力。随着近些年来暴雪、地震等灾害的发生，造成的信息管理与的问题，更加凸显了信息管理与系统的缺乏，迫切需要建立有效的应急通信系统，使其成为系统通信的重要组成部分。在很多大型自然灾害和公共突发事件面前信息管理与在社会中的重要性，引起了有关单位的重视和研究。我国在方面做了很多工作，如逐步深入建设信息管理指挥平台体系，加强队伍建设等，但是我国的应急救援装备普遍存在数量不足、技术落后和低层次重复建设等问题。

当发生重大、特大事故、尤其是涉及多种灾害或跨地区、跨行业乃至跨国的重大、特大事故时，这些应急救援力量，则往往存在职责不明、针对性不强、应急措施不到位等问题，难于协同作战，发挥整体救援能力，这是目前我国应急救援力量建设工作面临的一个重大问题。

（1）电网大面积停电风险始终存在。严重自然灾害事件时有发生，导致较大范围供电影响的潜在风险不断加大，且给恢复供电工作增加了极大的难度，对电网的安全稳定运行和可靠供应带来极大压力；同时，社会安全形势严峻，各类社会安全事件呈上升趋势，设施受人为破坏可能性增加。为避免电网大面积停电的发生，需要信息管理管理理论与技术研究不断深入，从根本上掌握大面积停电规律和机理，并不断提高突发事件的监测预警能力。

（2）智能电网建设对信息管理能力建设提出了更高要求。随着智能电网建设的逐步推进，特大型电网运行以及各种分布式能源的接入，电网运行环境和条件更为复杂，企业发输变配用各环节之间。的协调和联系更为紧密，特大型电网的安全稳定运行要求信息管理能力建设随之推进，并与之匹配。这就需要加强信息管理能力评估技术研究，以正确评价应急能力，并有针对性地提高。

（3）企业履行社会责任和维护企业形象对企业应急综合能力提出更高的要求。作为国家重要的基础设施之一，的安全可靠供应关乎国家安全，关系国计民生。随着生活水平的提高，民众对和谐社会的诉求和期望也相应提高，企业承担的重要社会责任要求企业必须加强信息管理管理研究，提高应急处置能力，减少突发事件对社会的影响。

（4）通信网络不够安全可靠主要体现在一旦网络通信中心系统出现一点问题就会影响到整个的通信系统，使其无法正常工作。一些通信设备由于长期的工作，需要进行维修或者是更换，这样也不利于通信网络的稳定。

（5）通信网络的传输效果不好主要体现在从材料上，通信网络的网线是由铜线制作而成的，不结实，而且只有一股，线过于细小，不利于相关设备与其相接，也不利于远距离的传输，网线无屏蔽措施，难以防止干扰等等这些都大大降低了通信网络的传输效果。

（6）对电网管理不科学主要体现在通信线路的结构相当复杂，通信网络的管理主要分为三个级别，难度也不断增加，而且，由于很多地方又出现了很多变电站，由此增加的 SDH 设备节点也加入到 SDH 环网中，但原有的网络结构并未得以简化和改善，这给传输带来了不便和障碍。

1.3.4 我国信息管理保障体系存在的主要问题

我国行业在保障体系方面做了很多工作应对各种灾害，如逐步深入建设信息管理指挥平台体系，加强应急队伍建设等，但是，我国的应急救援装备普遍存在数量不足、技术落后和低层次重复建设等问题。当发生重大、特大事故，尤其是涉及多种灾害或跨地区、跨行业乃至跨国的重大、特大事故时，这些应急救援力量在指挥和协调上基本仅局限于各自领域，没有完全建立相互协调与统一指挥的工作机制，而临时组织应急救援力量，则往往存在职责不明、针对性不强、应急措施不到位等问题，难于协同作战，发挥整体救援能力，这是目前我国应急救援力量建设工作面临的一个重大问题。与国外相比，我国行业保障体系在技术、人力、物力等方面还不完善，主要体现在以下几方面：

应急保障指挥机制、与外界联动机制不健全，应急预案不完善。

应急物资储备不充足。 灾害发生前未进行统筹规划，应急物资的储备不能满足应急工作的需求。

应急队伍在管理流程建设、联动机制等方面存在不足。 各类救援队伍实力参差不齐，基层救援力量薄弱，救援队伍之间的联动默契度不高，同时应急队伍的建设存在分布不均、培训不到位、不能满足区域信息管理需求的情况。

对关键设备和关键技术的研究和应用有待进一步加强

1.3.5 信息管理预案存在的问题

1．处于低水平

虽然各部门各单位已经建立了相应的预案体系，但多数预案处于低水平，这表现在多个方面。一是信息管理预案不充分，从实际看预案启动时间往往较长；二是预案不够详细，可操作性不强，多数预案只有形式，没有实用价值，实际操作中遇到瓶颈；三是信息管理预案中的技术处于低水平，现代技术支撑不足，影响到信息管理的效率。

2．信息管理时间精度不够

信息管理管理的效率与信息管理的时效有很大的相关度。一般来说，应急时间越及时，应急作用越明显。现阶段信息管理时效一般以小时计算，时间精度不够，时间尺度上仍有所作为。

3．信息管理程序复杂

从实际看，如今国家正大力开展经济建设，领导班子多数重心放在经济效益上，重生产，轻应急。现阶段建设的应急体系，虽然比较健，但程序上仍很复杂，需要多次演练或实践才能掌握。所以突发事件发生时，领导班子仍然会拍脑袋决定，抛弃已有的比较健全的应急体制，如何避免这样的现象值得讨论。

4．部门分工协调不足

信息管理实际工作看，虽然组织管理上各应急管理部门的垂直应急管理体系较为完备，但各单位横向之间的职责分工关系并不十分明确，职责交叉和管理脱节现象并存，缺乏统一协调。例如，对自然灾害造成的事故应急处置，交通

部门、地方政府和部门都有各自的应急预案和措施，但如何统一行动，统一调配、相互配合，事先各部门的充分协调不够，甚至互不知晓。从应急

体系建设看，特别是在基础信息、信息通讯、救援队伍和救灾装备的建设方面，存在着部门分割、低水平重复建设情况，影响了投入的有效性。从响应过程看，一方面主管部门时常会感到应急救援力量和资源紧缺；另一方面感到协调困难，其他部门现有应急力量和资源得不到充分利用，资源闲置。启用应急指挥部虽可弥补这一缺陷，但其他应急管理阶段的协调问题并未得到真正解决。因此，加快建立健全应急机制，实现资源共享、协同行动，已成为我国信息管理管理亟待解决的问题。

5. 信息管理信息共享和沟通不畅

信息是实现突发事件应急协同的核心资源，也是保证应急决策和应急处置效果的关键所在。如今我国信息管理管理中突发事件的信息沟通共享机制还不够完善，缺乏科学性。表现在：

（1）突发事件信息的收集不科学突发事件信息往往采取"齐头并进"的报送方式，各部门往往选择自建一套信息报送体系。这样的信息收集方式由于报送部门、报送时间、报送内容和报送要求的不一致，易导致突发事件信息的不准确、不同步、不全面，影响信息管理信息的分析和研判。

（2）突发事件信息的传递不科学突发事件信息传递上很多时候依然沿用传真、邮件等古老方式，存在传递效率低下，错漏概率较大，信息的后续使用不便等问题，影响应急协同的工作效率。已有的信息管理平台间，由于设计之初没有考虑信息跨平台交换，存在多个"信息孤岛"现象。一方面，不同部门之间为了保证自己的部门利益，往往限制信息交流。另一方面，信息共享仍采取的通报或简报等形式，更新频率慢，周期不统一，共享的范围小，效率差。

6. 应急预警机制不够完善

我国信息管理预警能力不足，导致很难发觉突发事件发生之前特定潜伏期内的种种外部迹象；突发事件发生后，又由于信息沟通不够，进一步扩大了不良后果。具体表现为：一是灾害风险信息报告的标准、程序、时限和责任不明确不规范，缺乏统一的标准和要求，瞒报、缓报、漏报的现象时有发生；二是在基础信息建设方面，各职能部门都在开发和研究自己的信息系统，建立监测和防控体系，但相互之间缺乏信息沟通，分散的信息难以综合、分析和处理，严重降低了信息的使用功效；三是在日常动态下信息的收集、整理和汇总方面渠道也比较分散，难以对突发事件进行全面的监测和预警；四是紧急状态下舆论宣传和舆论管理的观念及方式落后。

1.4 系统对应急通信的需求

1.4.1 供应的可靠性

随着现代社会对的需求越来越大，对供应的可靠性要求也越来越高，一旦供应出现问题将会带来严重影响。面临各种自然灾害可能会使大面积地区停电的威胁，如何利用先进的信息通信手段实现系统应急通信的统一调度来将损失降至最低，成为现在重要的解决需求。系统的日益多样化，以及经营和管理信息集中方式的变化，整个通信行业视频技术的广泛应用，系统对应急通信系统的需求有了变化。在一些灾害发生时，应急指挥系统将启动预警功能，应急指挥通信平台为其提供通信支撑和自动触发机制，制动各级的抢修队伍、专家库、应急组织机构，利用通信驱动的理念，在预警启动环节，关联应急指挥人员，进入应急状态。建立应急通信系统充分利用现有的光通信网络，比如应急联动等功能的应急通信系统。

1.业务较多。在突发事件或者自然灾害情况下能够在较短时间内实现现场指挥的通信接入，满足抢先快安全、可靠的要求。

2.可以范围扩展。系统可从小扩至大，系统设备标准化能快速扩展。

3.可以互通 能与其他应急通信手段互联互通。

4.组网比较快，保证下令快速传达。

5.多频段工作。适合各种复杂环境保证可靠通信。

6.设备多样便携带，提供不同接入方式。

7.节能型。由于个别地方的无法及时供应，要完全靠电池，所以系统尽可能省电，保证稳定工作。

我国幅员辽阔，地理条件变化大，在应对线路受灾的处理手段中，应急通信系统成为了受灾解决的关键。系统与应急通信系统属于相辅相成的。当前已有卫星通信、传统集群同次年，超短波技术等应用在指挥中，但存在着运维成本高、信息管理人员使用不便等问题。随着通信技术的发展电信运营商的移动通信网络已经覆盖，基于通信网络集群通信技术的低成本、广覆盖、安全性、便捷的特点，适应于现有信息管理指挥需求。

1.通信的发展方向

加快光纤传输网的设置，加大全面网络建设我国部分地区的通信系统中，光纤通信网存在着纤芯容量不足、设备容量小的情况。因此很有必要加大投入在加快传输网的建设上。要对该地区主干光纤传输网加大改造和建设力度，吸引投资，以点带面，在工程建设上做好工作。而且，要在通信和动作流程中加大网络的全面、系统建设。例如，在通信网的非话业务方面和网内 IP 技术等方面要加大开拓和推广力度，努力扩大通信网络的覆盖面，在各交换机制的组网工作中做好相关完善工作，把信息交换网络朝着高速高效率、安全性强、稳定性高的方向建设。

2.加大科研力度和技术研究

我国的传输技术有待提高，要在维护已有的传统传输模式的基础上，加强改造和新技术的研发，增加业务管理力度和方面，在研究和建设通信网络的同时，要鼓励科技创新，将宽带 IP 等新技术的运用深入到现代通信网络的建设当中，多角度加大经费投入科研技术的研究。

各地严抓通信电路的建设质量在我国通信发展速度飞快的现状下，要努力减少通信电路误码率高、公务监控不力、监控系统不通等系列问题，杜绝通信网络工程中的低质量工程项目的出现。各个地区应避免"地方保护"、"门户观念"对工程选择和决定的不良影响。且在网络系统的建设过程中，加大科研力度和投入，其工程项目负责人还要实行责任制，做好检测和监管工作，及时验证工程指标是否合格，确保建设质量。积极建设宽带多业务数字网络平台在通信发展规划中，要积极地建设宽带多业务数字网络平台，在语音、图像、数据、媒体、新闻等各业务领域为现在和今后的发展打好基础，提供统一的多优先等级，确保业务质量。

3.致力于国内和国际市场的开发

保证业务质量的服务，在优化核心层基础上，广泛开展接入层、用户层工作。在通信网络成为功能强大的通信网络时，要按照市场机制和市场运行规律，充分合理地利用我们的通信网络资源，积极拓宽新的增值业务和服务范围，规划、建设、完善好一批具有一定规模和发展潜力的通信系统模式，加大自身竞争力，逐步走向社会，参与竞争。通信的战略地位非同一般，做好通信行业的发展，必须依托于坚固的电网结构、先进的通讯网络，并有完善的和法制体系作支撑。我国的通信技术目前正处于稳步上升发展时期，其具有光明的发展前途和强大的生命力。政府各部门也应该加大关注力度和资金投入力度，同时通信行业还要积极提高自身业务水平和素质，在技术和装备上不断改进，将科技含量更高、技术更全面的成果广泛实施，为我国的通信行业和全国人民带来便利和服务。

信息管理系统的辅助工具是通信技术，主要将用于信息管理系统中的信息采集模块以及各模块的通信。通信技术的发展就如 3G 技术应用，促进了信息管理系统的发展。不同的阶段，通信技术发挥着不同作用，一般包括监控预警、应急响应和事后恢复。监控中通信技术的应用；系统的监控预警包括制定信息管理预案，可以和系统运行结合起来。我们可以利用通信技术采集系统的各种运行信息设定安全，出现异常时候发出预警。通信系统是为了保证系统的安全稳定运行二应运而生的。它同系统的安全稳定控制系统，调度自动化系统被人们称为系统的安全稳定运行的三大支柱。我国通信经过几十年风风雨雨的建设，已经初具规模，通过卫星、微波、载波、光纤等多种

通信手段构建而成的立体交叉通信网。随着通信行业在社会发展中的作用的提高，以通信网为基础的业务不再仅仅是最初的程控语音联网，调度时时控制信息传输等窄带业务，逐渐发展到同时承载客户服务中心、营销系统、办公自动化等多种数据业务。整个中国通信的发展，从小到大，从无到有，从简单技术到当今先进技术，从局部点线通信方式到覆盖全国

的干线通信网和以程控交换为主的全国电话网、移动电话网，无不展现出通信发展的成就。

当系统突发事件被监测出且无法控制其发展和造成影响时，应该启用相应的应急通信过程。如果是系统本身的突发事件，则应该考虑到不同系统结点的信息判断如事件发生的位置及原因，考虑到最快的暂时性的恢复供电方法。例如，通过各区域之间的通信渠道，找到离出事点最近最便捷的供电线路替代，恢复以便于修复。重大的自然灾害往往会造成不同地区的系统破坏，还有可能引发其它灾害，造成对突发事件，根据采集到的与自然灾害相关的信息实时做出决策。

1.4.2 信息管理与的保障和管理

一、应急通信为各类紧急情况提供及时有效的通信保障，是综合应急保障体系的重要组成部分，更是抢险救灾的生命线。近年来，我国应急通信研究重点围绕公众通信网支持应急通信来展开，对于现有的固定和移动通信网，主要研究公众到政府、政府到公众的应急通信业务要求和网络能力要求，包括定位、就近接入、供应、基站协同、消息源标志等。除此之外研究在互联网上支持紧急呼叫，包括用户终端位置上报、用户终端位置获取、路由寻址等关键环节。这些研究工作有效推动了国内应急通信系统和相关平台的发展，增强了各种应急突发情况下的通信保障能力。虽然我国的应急通信保障体系建设有了很大发展，但是也存在了技术体制落后、资金投入不足等问题，与应急通信的实际要求还有较大差距。此外，应急通信保障的研究工作大都没有充分关注和利用无线自组网技术，也没有考虑融合多种通信技术手段来提供全方位、可靠的应急通信保障，而是过多强调发展集群通信、短波无线通信和卫星通信系统。

当前我国的应急通信保障方面的研究工作可以归纳为以下几类：一是充分挖掘现有通信和网络基础设施的潜能，通过增强网络自愈和故障恢复能力来提升其应急通信保障能力；二是针对现有应急通信系统缺乏有效的统一调度和指挥的情况，考虑如何实现跨部门、跨系统的指挥调度平台，使各个专网之间以及专网与公网之间实现互联互通；三是针对一些部门的应急通信系统不支持视频、图像等宽带多媒体业务的问题，引入宽带无线接入技术；四是针对各专用应急通信系统缺少统一规划和互通标准的情况，启动应急通信相关标准的制定工作；五是研究应急通信资源的有效布局和调配问题，如优化通信基站的选址和频道分配来满足应急区域的通信覆盖要求。

应急管理作为一门新兴的综合学科，目前还没有一个被普遍接受的定义。应急管理是在应对突发事件的过程中，为了降低突发事件的危害，达到优化决策的目的，基于对突发事件的原因、过程及后果进行分析，有效集成社会各方面的过程。应急管理是指政府等管理主体，对突发公共事件根据事先制定的应急预案，采取应急行动，控制或者消除正在发生的危机势态，最大限度地减少危机带来的损失，保护人民的生命和财产安全。有的文献将现代应急管理定义为，为了降低突发灾难性事件的危害，基于对造成突发事件的原因、突发事件发生和发展过程以及所产生的负面影响的科学分析，有效集成社会各方面的资源，运用现代技术手段和现代管理方法，对突发事件进行有效的监测应对、控制和处理。

1.经验型的预案处理阶段。

该阶段应急管理工作主要以应急组织体系及应急预案体系建设为主。重点建立应急指挥机构及工作机构，按照国家相关要求编制和修订应急预案，并建设应急指挥中心及应急平台等技术支持系统。

2.分析型的预防性管理阶段。

该阶段应急管理工作主要以加强预防及应急保障为主。重点加强危险源的监测监控和突发事件的预测预警，以及提高应急指挥辅助决策能力。

3.智能型的灾变防御阶段。

该阶段应急管理工作主要以加强智能技术应用及增强主动防御能力为主。重点加强人工智能、知识工程及数据挖掘技术应用，实现突发事件的在线跟踪，提高突发事件的预测预警水平，为应急指挥提供智能辅助决策手段。

二、信息管理与的管理机制

1）信息管理管理

信息管理管理可定义为行业为应对突发事件而采取的，涵盖突发事件应对的预防、准备、响应和恢复全过程的有计划、有组织、系统性的行为。

2）信息管理机制

信息管理机制就是行业各组织内部、组织之间、以及与外部组织之间为应对突发事件而相互作用的过程与方式。

3）信息管理管理平台

信息管理管理平台是以公共安全理论为基础，利用现代信息技术、通信技术、系统分析与控制技术，具备应急信息采集与交换、应急值守、预测预警、调度指挥、辅助决策、预案管理、资源管理、演练培训、信息发布功能的技术保障体系。

三、应急通信保障中的关注要点及处理方式通常情况下，事发地区出现通信中断（或阻塞）主要有以下几个原因：

（1）通信基础设施（如光缆、铜缆、无线基站、交换设备、机房）的损坏。

（2）由于事发地区人们的恐慌和其他地区人们的迫切关注而引起的超负荷业务量。

（3）交通中断。

（4）供电中断。

从紧急突发事件的实际情况来看，通常事件发生时，以上四种情况往往同时发生，从而不仅导致事发地区原有的通信网络瘫痪，还使通过应急通信手段恢复当地通信变得非常困难，其结果往往是事发地区在相当长的时间内无法恢复正常通信从而与外界隔绝。因此，在进行应急通信和灾害备份通信的设计或制定相关预案时，必须慎重考虑设备损坏、、交通以及超负荷业务量这些因素所带来的影响。

（1）当灾害导致事发地区大量通信基础设施损坏时，可以采用微波和卫星通信作为中继电路备份，此外，无线自组网技术（利用无线自组网技术进行多跳中继）也是比较好的选择。

（2）在方面，当灾害导致大规模停电发生时，根据国内外的实际经验来看，很难为所有的无线基站、微波中继塔提供备份供电，可以通过为应急通信车配置车载机油或专门配备电源车、太阳能发电机、手摇（或脚踏）式发电机等多种发电设备，来保障应急通信设备的供电需求。

（3）在解决交通阻断对通信的影响方面，一旦灾害发生，无论多么轻便灵活的应急通信手段（如手持终端）也都需要在交通恢复以后才可以进入灾区，为了避免通信的恢复依赖交通恢复的尴尬局面，只有在灾难发生前未雨绸缪，建立完善的灾害备份通信系统，才能在灾后确保通信不致中断。

（4）关于灾后恐慌引起的网络阻塞对关键通信的影响

目前通常采用两种办法：一种是建立政府部门或企业专门的应急指挥通信系统（目前多采用数字集群系统）；另一种是建立政府或企业的卫星灾害备份通信系统（可以避免由于灾后恐慌引起的当地网络阻塞）。除此之外，无线自组网也是比较好的选择（其特点是组网快、稳定性高）。

1.5 应急通信的分类比较和解决策略

1.5.1 应急通信的分类

按照重特大灾害时间顺序分类：主要分为灾害发生之前的应急通信、灾害发生之后的应急通信及支持恢复重建工作的应急通信；按照实施通信的各类级别分类：主要分为各级政府部门和各级企业部门的应急通信。按照实施通信的内容进行分类：主要分为语音，数据，图像的应急通信。

应急通信系统是各种通信技术、通信手段在紧急情况下的整合与运用，其技术核心是在紧急情况下提供一个互联互通的通信网络。因此，应急通信系统应充分运用成熟的通信技术和网络设备，并将它们整合成便于配置和管理的可扩展的、可靠的安全通信网络。

1.卫星通信

卫星通信利用人造卫星作为中继站转发无线电波，可以在两个或多个地球地面站之间进行通行。此类通信方式通信距离远，且不受到地面条件及地震、洪灾火灾的影响和限制，具有灵活机动的特点，能够以优异的性能及时快捷的实现在地面传输手段无法满足的地点之间的通信，非常适合应急通信的需求。特别是在面积较大，地面环境复杂，地面通信线路不发达的地区，卫星通信更能发挥较大的作用。5.12 地震发生后，正是有了卫星通信的支持，才使得现场的通信能力得到了一定的恢复。另外，卫星通具有通信频带宽，传输容量大，线路稳定可靠，传输质量高的特点。可以通过建立"静中通"、"动中通"以及卫星电话的方式建立应急通信。目前，我国各级政府和消防部门已经陆续现设了卫星应急通信网。

2.微波通信

微波通信是使用波长在 0.1 毫米至 1 米之间的电磁波—微波进行的通信。微波通信不需要固体介质，当两点间直线距离内无障碍时就可以使用微波传送。在我国的历次大的洪灾救灾过程中，在森林火灾救灾过程中，在紧急事件发生后的紧急通讯网络建设中，在大型会议，大型活动的临时通信网络部署中，微波通信都发挥了重大作用。目前所有的现代通信技术不断融合到传统的数字微波技术中，特别是传统微波技术与视频技术、移动通信技术、综合接入技术的进一步融合，在应急通信中的图像、语音、数据综合传输能力越来越得到社会和业界的认可。

3.无线对讲系统和集群系统

对讲机在应急通信特别是小区域应急通信中扮演着重要的角色，这种无线对讲机系统不受网络限制，在常规网络中断的情况下，可以迅速地进行组网，而且操作简单，成本比较低，在处理紧急突发事件和进行指挥调度过程中，起着其他通信手段不可替代的作用。由于频率资源矛盾的问题，人们又发明了集群通信系统，这种集群通信系统采用 PPT 方式，以"一按即通"的方式，被叫方无需摘机就可以接听，而且连接速度快，可以设定呼叫优先级，可以实现群呼的方式，较无线对讲系统具有频谱利用率高、保密性好，话音质量高的特点。

4.短波通信多年来被广泛地应用，用以传送话音、文字、图像、数据等信息。短波通信依然快速发展的原因主要有三点：a.短波是唯一不受网络枢纽和有源中继体制约的远程通信手段，一旦发生战争或严重灾害，无论哪种通信方式，其抗毁能力和自主通信能力都无法与短波相比；b.短波适应性很强，在山区、戈壁、海洋等超短波覆盖不到的地区，主要依靠短波通信；c.短波通信投资省、建台快、维护方便，与卫星通信相比，短波通信不用支付话费且运行成本很低。

5.其他常规公共通信系统的补充

常规通信系统，如移动通信系统，固定电话网系统，互联网系统等应该具有一定的应急能力。常规网络应该具备一定的健壮性和可靠性及修复性，在较早的时候完成修复能力，以保证灾害的中后期的通信。

与卫星通信、地面微波等通信方式相比，无线电短波通信有着许多显著的优点：短波通信不需要建立中继站即可实现远距离通信，建设和维护费用低且运行成本低；设备简单，可以使用固定基站进行定点通信，也可便携背负或装入车辆实现移动通信；电路调度容易，临时组网方便快捷，灵活性强；抗毁能力强，体积小，适应各种环境条件。

一个基本的短波通信站由电台、天线及电源组成，两部及以上电台就可以构建一个短波通信系统。根据国际协议，短波通信使用单边带调幅方式，窄带传输，带宽一般为 3kHz，短波电台的使用只需在当地无线电管理委员会申请持台证即可。根据通信的距离和使用的场合，短波通信在信息管理与中的应用可以远距离通信。短波通信站的选配有三种：固定基站-固定基站；固定基站-移动车载；移动车载-移动车载。

上述优点是短波通信被长期保留、至今仍被广泛应用的主要原因。"同时，短波通信也存在着一些明显的缺点：可供使用的频段窄，通信容量小，只适合语音、低速数据及图片的传输；短波的天波信道是变参信道，信号传输稳定性差，电台的操作需要一定的经验与技巧；大气和工业无线电噪声干扰严重。"

应急通信系统网络会使用公众通信网络（固定有线网、蜂窝移动网、互联网等）、专用通信网络（集群、卫星、短波等）、公众传媒网络（广播、电视等）以及传感网、现场监控和救援网络（传感网、移动随意通等）。以下对几种常见的应急通信方式进行比较：

（1）移动通信灵活方便，更适合应急通信需求，但其覆盖范围和所能承载的业务有限。

（2）固定有线通信网能够提供高速和稳定的通信信道，适用于大数据量的实时传输，但是受到线缆的限制。

（3）数字集群系统可以实现组呼、单呼、广播以及短消息和分组数据传输业务，适用于应急指挥调度。

（4）卫星网络通信距离远，且不受地面条件的限制，能够快速实现在地面传输手段无法满足的地点之间的通信。但是卫星通信网络建设投入大、传输速率相对较低，且容量有限，使用成本高，仅适用于极端情况下的应急通信。

（5）互联网可以提供包括 E-mail、即时通信、文件传输、流媒体在内的多种通信服务，具有网络覆盖范围广、信息传递量大、费用低廉的优点，但是突发情况下容易出现网络拥塞现象。

（6）无线自组网是移动通信技术和计算机网络技术融合的产物，具有网络自组织和协同合作特征，适合组建应急通信网络来协调各类人员展开救援行动和应对突发事件。

1.5.2 信息管理与的解决策略

1.加强管理，使系统得以改善，提高通信的可靠程度

随着通信网络的不断发展，对其加强管理已是必然，在这种条件下，应当以通信网络的安全可靠性为出发点，不管是通信网络的设计还是线路的建设都要进行科学合理的安排，老让其在运行过程中的稳定和可靠，另外，通信网络管理部门要加强管理，对通信网络的设计和设备的安全以及通信网络的运行都要进行一定的监督和管理。同时，还应制定相应的方案，

对通信网络的安全进行评价和估测，对于出现的安全问题和故障也要进行及时的应对和解决。

2.建立健全通信网络的可靠性管理体系

有关部门和企业要根据地域的差异性进行通信网络的规划和设计，根据不同地区对通信的需求，建立健全通信网络的可靠性管理制度和机制，提高网络系统及其相关通信设备在安全性和可靠性方面的技术指标和设计水平，并对通信网络进行严格、详细、充分的鉴定和试验，整理、分析、评价其网络系统运行的安全性和可靠性，然后提出相应的优化措施。同时，还要注重异常故障应急措施预案的制定，以便进一步提高通信网络的运行安全。

3.加强通信网络的防盗安全措施

有关部门要加强对通信网络的防盗安全措施。例如，对网络系统中的外场线路、桥架电焊管路、电缆沟等进行加固包封，以减少管线、电缆的外露。运用先进的网络实时监控系统对各个地区、路段的无人值守配电房、线缆等进行 24 小时全天候的实时监测，同时，加强人员的巡逻力度和范围，并同路政、交警、养护、公安等相关单位加强联系和合作以确保通信网络及其设备的安全。

4.建立相关的导航系统对的通信网络出现的问题进行监督和判断

通信网络的导航系统是一个很复杂的系统，其对各种技术有着很高的要求，如技术，操作技巧，对问题和故障的分析等，同时在开发设计的过程中会涉及到各种各样的问题，如通信设备过多导致各种数据比较繁杂，因此要提高通信设备的技术和服务装置的智能化。通过这种导航系统，工作人员能够很好地发现通信网络所出现的故障，也能很好的在导航系统的帮助下找到解决办法，及时地对通信网络系统进行维修，这种方法将会大大的减降低工作人员的工作难度，也能够保证系统的良好运行，使通信网络更加安全可靠。

5.建立通信网络的故障导航系统

部门要加强对通信网络相关故障导航系统的建立，通过运用先进的计算机网络等技术，结合当地的实际情况，对通信网络的运行进行全面的技术导航、操作流程、技术咨询、故障分析处理等方面的服务，提高网络系统的故障防范和处理能力，确保网络运行的安全、顺利。

6.对通信网络的设计进行改善

虽然随着科学技术的发展，通信网络也在不断的发展变化，以前的通信网络的设计并不能一直不变的使用下去，因为这样适应不了对通信网络的新的要求，因此应该不断的创新，不断地改善通信网络，使其能够更好的为，通信网络的运行提供方法，从而提高通信网络的运输效果和能力，满足时代发展的需要和人们的要求。

7.不断的建设通信网络

虽然从整体来看，通信网络在不断的发展，但是在部分地方，有些通信线路不够安全稳定，从而大大的影响了传输效果。只有不断地优化通信网络系统，使SDH网络得到进一步的改善，在继电保护以及远动信号，信息等各个方面发挥重要的传输作用。

SDH环网的结构复杂，扩建不平衡由于我国各地区的发电量需求的增长不同，导致其各地区在新建变电站的数量上存在较大的差异，进而使得各地区的新增SDH节点的数量不均衡，造成原有SDH环网因其节点数量的不平衡而导致的其对多种失效事件的抵抗性能的减弱，从而影响到其通信网络的信号传输效果。同时，由于新增SDH设备节点的不断串入，导致其原有的SDH环网缺乏优化，其网络的结构也日益的复杂化，使得环中环现象时常发生，造成其信号传输及自愈倒换的延时。加强通信网络的设计优化有关部门和单位要加强对通信网络的设计优化，在原有设计的基础上，积极引进和应用现代的、前沿的网络设计技术和结构，不断地优化和创新通信网络的设计理念、内容、范围等等，从而提高通信网络的设计水平，使其满足不断变化发展的社会市场需求。

8.提高通信网络的安全程度

近来，在一些高速公路边出现了电缆被人偷走的现象，尤为严重的是温州大桥还有温州绕城这一段发生了很多类似事件，造成了严重的损失和破坏，也威胁到了公路的安全。针对这些公安部门等应该采取相应的措施，对这类行为进行严重的惩治，相关部门也应该在设备和线路的安装时做好保护措施，提高其密封程度，同时还要利用监控系统加强监管，防止偷盗电缆行为的发生，还可以定期派工作人员进行巡查，联系公安部门和人民群众，对偷盗电缆的现象进行防范和惩治，保障电缆不被破坏。建立系统通信网可靠性管理体系按照不同区域或地区的具体通信网规划与要求，提出是何当地发展建设及运用的通信网络设计可靠性标准、规范，确保通信网络的可靠性措施实施，并组织、监督、评估通信网建设的可靠性实施效果；制定规范、严格的通信网络维护管理体制和规程；制定恰当的通信网络维护、管理的任务、要求和措施；提出通信网络系统及具体通信设备的可靠性设计水平与技术指标要求；在通信网可靠性指标下进行通信网规划设计，在有限的系统建设投入的前提下，对建设的通信网进行试验和鉴定。分析、评价网络运行的可靠性水平，对各种通信网络的故障规律进行分析、研究，提出相应的可靠性实施措施；制定对重大异常故障的应急通信制度和措施，并监督各种制度和措施的严格执行。

9.通信网络故障导航系统

提供全面的技术导航、技术咨询、操作流程、故障分析及处理建议等技术服务，建立完善的通信网络故障导航系统。研发通信网络导航系统，存储大量通信设备以及网络电路技术性能、技术参数等技术数据，为系统高端通信设备提供智能化的技术服务装置；引导通信工作人员能快速、准确的找到工作点或故障电路点，并为工作程序、操作步骤等工作进行技术导航服务；指导、协助工作人员加快抢修速度、提高抢修质量，减轻技术人员的脑力劳动和工作压力；通过人机对话的方式进行语音咨讯、技术导航服务，以帮助通信人员及时解决设备维护中的多种不同技术问题，提供设备实时运行情况。以减轻工作人员的工作压力和负担，加快系统的工作进程，大大的提高工作效率。

10.优化通信网络设计

社会经济发展越快，科技水平越发达，跟随现代社会科学网络信息技术的快速发展步伐，通信网络的设计水平也应得到相应的提高发展。应在原有发达网络设计技术的基础上，创新、研究、开发更新的网络设计结构，优化通信网络设计，提高通信网络设计技术的水平，增强通信网络的运行能力，提升通信网络在系统业务中的应用作用。

第 2 章 信息管理与系统的基本原理

2.1 下一代通讯网络产生背景

来自多方面的因素共同导致了下一代网络的产生和发展，NGN 这个名词早已成为电信行业备受青睐的"时髦"用语，目前对它的研究不再仅仅停留在理论阶段，国内外出现了大量的 NGN 试验局，并初显商用规模，但仍不成熟。通信网络从以电路交换为基础的传统网络向以软交换（（SoftSwitch）为核心的下一代网络演进已是不争的事实。

业务发展和用户需求是网络演进的重要驱动力之一。从用户角度出发，他们希望通过 NGN 可以更方便、灵活以及合理的价格获取综合化、交互化和多样化的业务服务。业务提供商则希望 NGN 能够提供一个开放的业务开发平台，通过该平台可快速、灵活地开发出适应网络水平或设备能力的新业务。对于网络运营商而言，他们需要的是可计划、易于管理的、资源可充分利用的网络，该网络同时应具有提高效率、降低成本、使网络供应商获得好的投资回报的特点。语音承载是传统电话网络（PSTN Public Switch Telephone Network）能提供的最基本、最重要的业务，能够满足用户日常通信需求，也是传统运营商的主要收益来源。但语音通信是目前使用最广泛、应用最成熟、运营收入最稳定的业务，随着互联网技术的飞速发展，数据技术的不断革新，数据业务快速增长，当网络中数据业务量超过语音业务量，数据通信取代语音通信成为电信行业主要收益来源时，数据业务的发展理应成为多方考虑的重点。业务差异化、多样化、个性化的发展趋势，使得世界各主流运营商对 NGN 业务提供能力、业务提供方式以及业务的开放性进行着积极的思考和探索，同样用户对各种类型增值业务、高级业务应用的需求也不断增加。由于传统交换网络中的呼叫和业务控制相互融合，通常需要为新业务的开发进行全网改造或增添一套与业务相关的软硬件设备，这使得新业务的开发周期长、投入成本过高，维护工作也变得困难，固有的模式对新型业务的支持能力不够，传统的网络体系无法适应下一代网络业务发展的需要。所以，迫切需要一个能够支持语音、视频、数据等多媒体综合业务融合的，同时有利于业务开发、易于维护的公共网络平台。

多种技术的快速发展为下一代网络的出现奠定了坚实的基础。在世界各电信组织机构和电信企业的共同努力之下，与 NGN 相关的各类协议、标准相继制定和不断完善，如媒体网关控制协议、媒体传输协议、呼叫控制协议、IP 分组技术等。这些技术标准使不同类型电信网络之间的互通互容成为可能。分散在不同网络、不同地域的各种网络功能单元可以利用标准协议相互通信和协同工作。目前，电信网络上运行着各种类型的设备，它们位于不同网络之中，不但包含电话网络，如 PSTN、ISDN（Integrated Service Telephone Network）， H.323 ；还包含了数据网络，如 ATM（Asynchronous Transfer Mode）、IP 网络。如何保证多种网络之间的互通，各种类型业务的融合是一个必须解决的问题。数据、多媒体等新业务需求的快速增长，决定了分组网络将是未来电信网的主体，由于客观原因，传统网络在短时间内不会消失，并将成为边缘网络，基于 IP 分组技术的下一代网络将扮演一个核心网的角色，它将力求保证传统电话网络向分组化网络平滑过渡，实现网间无缝连接，保护现有网络的投资，并减少对新网络的建设成本。下一代网络功能分层的思想，使得网络的布局和运营更趋合理，尤其是业务运营商可以充分利用 API 技术提供的开放的业务接口，业务运营商可以快速、灵活地开发出满足客户需求的新型业务，也可以接受第三方提供商开发的业务，这种先进的业务提供模式使得网络运营与业务运营最终分离，并能对丰富的、多样化、个性化的业务提供支持，为整个电信行业营造一个更加公平的竞争环境，从而推动其健康发展。

2.2 NGN 基本概念

NGN 的概念已经提出多年，业界也有诸多不同的解释。在最近的国际电联 NGN 会议上，经过激烈的辩论，NGN 的定义终于有了定论：NGN 是基于分组的网络，能够提供电信业务；利用多种宽带能力和 QoS（Quality of Service）保证的传输技术；其业务相关功能与其传输技术相独立。NGN 是全业务的网络，包括电话和 Internet 接入业务，能够提供各种多媒体业务的综合网络；NGN 是开放的、标准的架构，用户可以自由接入到不同的业务提供商，可以享受丰富的、个性化的服务。NGN 是下一代网络（Next Generation Network）的缩写。NGN 是以软交换为核心，支持话音、视频、数据等多媒体综合业务，采用开放标准体系结构，能够提供丰富业务的下一代网络。它是电信史上的一块里程碑，标志着新一代网络的到来。从发展的角度看，NGN 是从传统的以电路交换为主的 PSTN 网络逐渐迈向以分组交换为主的软交换网络，它承载了原有 PSTN 网络的所有业务，把大量的数据传输卸载到 IP 网络中以减轻 PSTN 网络的负荷，又以 IP 技术的新特性增加和增强了许多新老业务。从某种意义上讲，NGN 是基于 TDM 的 PSTN 语音网络和基于 IF/ATM 的分组网络长期发展融合的产物，它使得在新一代网络上提供语音、视频、数据等综合业务成为了可能。

2.3 下一代通讯网络（NGN）原理

NGN 是网络融合的发展趋势，是目前运营商和设备厂商都在讨论的热点技术，也是国外许多标准化组织和论坛，包括 UT-T 的第 11 和 16 工作组、IETF 的 IP Telenhow 工作组、信令传输工作组等的研究工作重点。ITU-T 第 13 研究组已准备和组织 NGN 标准化项目的实施，2004 年，全面定义了有关 NGN 的内涵、相关的网络体系模型和实施导则。ITU-T 认为 NGN 是全球信息基础设施（GII）的具体实现，其体系架构是层次化的，其实现方式是多种多样的，网络互通和业务互通是 NGN 研究的关键内容。NGN 应实现以下目标：推动公平竞争；鼓励私有投资；定义网络体系和能力框架以满足不同的电信管制要求；提供开放的网络接目；保证广泛的业务提供，推动公民平等机会；推动多元文化和语言，以及世界范围内的广泛合作等。

PSIN 以电路交换为核心技术为用户提供端到端的话音服务随着数据通信技术的发展，新的电信业务平台的出现，使所有业务在单一的数据网上逐步成为可能，这种趋势推动着不同业务、技术、应用走向统一，能够承载以上业务、技术和应用的网绪形态 NGN。

NGN 从以电路交换为主的 PSIN 网络逐渐迈向以分组交换为主，它承载了原有 PSIN 网络的所有业务，把大量的数据传输卸载到 IP 网络中，以减轻 PSIN 网络的重荷，又以 IP 技术的新特性增加和增强了许多新老业务。可见，NGN 是基于 TDM 的 PSIN 语音网络和基于 IP/ATM 的分组网络融合的产物，它使得在新一代网络上承载语音、视频、数据等综合业务成为现实。同时 NGN 又是一种业务驱动型网络，业务独立于网络这种开放式业务架构，可不断地满足用户业务需求，增强运营网络的综合竞争力，实现可持续发展，也将给运营商带来革命性的转变。

NGN 是基于分组的网络，能够提供电信业务；利用多种宽带能力和 QOS 保证的传送技术。保证用户接入不同服务供应商的自由性，同时其功能实现与技术支持是彼此独立的。其主要思想是在一个统一的网络平台上以统一管理的方式提供多媒体业务，整合现有的市内固定电话、移动电话的基础上（统称 FMC 增加多媒体数据服务及其他增值型服务。整个网络结构可分为如下 4 个层面。

（a）业务层：处理与业务相关的逻辑，实现的功能主要包括 IN（智能网）业务逻辑、AAA（认证、鉴权、计费）和地址解析等，此外，还可以使用基于标准的协议和 API 拓展应用。

（b）控制层：负责分析呼叫逻辑并处理请求，合理地向传送层下达承载连接软交换与 IMS 技术均可应用于 NGN 的控制层，为了实现不同网络互通，需要支持更多的协议接口。

（c）传输层：NGN 的承载网络。负责对承载连接进行建立及管理，这些连接需要交换和路由以响应来自控制层的控制命令，传输层可用多种形如：IP，ATM，SDH，WDM，ASON 等。

（d）接入层：由综合接入设备（LAD）及各类媒体网关组成，将用户接入网络并转换相应的信息格式。通过宽带接入、PSTN、PLMN 和无线接入等实现。

传统的网络是一些基于某种特殊业务提出的网络结构，例如：PSTN 服务语音业务，提供优质语音，但数据传输能力差；数据网服务数据业务，可高效传输数据，但语音服务质量较差。NGN 可以满足多种类型的业务需求。避免因新业务的出现而建设新网络的过大的投资和维护成本它具有许多有别于传统网络的特点。

1、基于 IP 分组的网络，扩展了媒体范围；

2、分层体系结构。分离了 M 络的控制、业务及承载，为固定网络和移动网络的融合提供了条件；

3、软交换为控制和业务核心，使得业务空间大幅度扩展，是 3G R4 全 IP 核心网的基础；

4、开放接口，使得 NGN 网络能够融合现有的 PSTN，GSM，CDMA 等网络，使 NGN 网络平滑演进，支持多样化终端，为用户接入提供了方便，同时也保护了运背商的投资；

5、综合语音、数据和多媒体业务，满足用户多样化的需求；

6、快速引进并推出新业务，NGN 很好地支持业务创新-在提供传统语音业务的基础上，可提供增值业务，实现差异化。

NGN 网络给用户使用的终端所带来的变化，由于 NGN 网络的承载与控制相分离，方便终端用户采用各种各样的终端在任何地点、采用任何接入手段、任何时间接入网络享用 NGN 网络所带来的各种新业务，除了传统的模拟话机以外，还可以是 IP 电话、PC、手机、电视，数码产品甚至是汽车，自动售货机等等。

2.3.1 接入层基本原理

接入层的主要作用是利用各种接入设备实现不同用户的接入，并实现不同信息格式之间的转换。接入层的设备都没有呼叫控制的功能，它必须和控制层设备相配合，才能完成所需要的操作。其主要功能为：

进行不同媒体格式之间的转换

处理音频、视频等媒体流

处理各种用户的各类接入技术，提供支持不同的业务类型的接口

完成语音类业务的分组化目标，具有终结 PPP 和 PVC 会话的功能

分配 IP 地址与协议转换、路由，VPN 等多种功能

实现业务的聚集，用户认证登录自动计费，带宽的管理功能

通过统一的协议接口（IP/ATM）送给核心交换层

接入层的设备包括各类网关（信令网关 SG、中继网关 TG、综合接入网关 AG、H.323 网关、多媒体业务网关 MSAG、无线接入媒体网关 WAG）及各种接入设备（综合接入设备 IAD、SIP 智能终端）组成。

SG：Signaling Gateway 信令网关：用于完成与 PSTN/PLMN 电话交换机的信令连接，将电话交换机采用的基于 TDM 电路的七号信令信息转换为 IP 包。

TG：Trunk Gateway 中继网关：是 NGN 解决方案的重要组成成份，中继网关位于 NGN 的边缘接入层，能够连接 PSTN 网络和 NGN 网络，从而实现 IP 包转 TDM 的作用。中继网关承载着电路域和 IP 域的语音汇合接入任务，对电路域侧的回音要求有很好的处理机制手段，TG 可提供以太网口，基于 SIP/H.323 协议和软交换系统连接，利用 EI 接口，实现与 PABX/PSTN 的连接，实现 PST 网络和 IP 网络可靠互联完成 N0.7/Pri 信令和 SIP/H.323 协议的转换，同时使 IP 网络和 PST N 网络实现完美可靠的连接。

AG：综合接入媒体网关：用于实现各种各样多媒体的数据源信息，将音频和视频混合存在的多媒体流自动的适配成 IP 包。将媒体数据从一种网络转换成另一个网络要求的多媒体数据采用的格式。如果媒体网关在分组网络媒体流和承载通道之间进行数据转换，可以处理视频、音频或者 T.120，

具备处理前面三者任意不同类型组合的能力，并可以进行全双工模式的媒体翻译，实现各种 IVR 功能，演示视频/音频消息，同时还可以召开媒体会议等。

H.323 网关：连接 IP 电话网（采用 H.323 协议）网关。

MSAG：多媒体业务网关：完成各种各样多媒体数据源信息，将音频和视频

混合存在的多媒体流自动的适配成 IV 包。

WAG：无线接入媒体网关：将通过无线方式接入的用户连接到软交换网络。

SIP Terminal SIP 终端：基于 SIP 的终端。可包括 SIP 硬终端和 SIP 软终端，后者是基于 SIP 的多媒体软件，运行在计算机平台上。

IAD：综合接入设备：与接入网关相比，综合接入设备是一个小型的接入层设备。它向用户提供模拟和数据两种端口，实现用户的综合接入（实现语音和数据业务）。一类 IAD 在同一时刻提供以太网接口和模拟用户线，这两者分别用于计算机设备的接入和普通电话机的接入，适用于利用计算机来使用数据的业务、利用电话机的使用来实现电话业务的用户；另一类 IAD 只有以太网接口，可以用于计算机的接入，若用户想同时使用数据业务和电话业务，这就需要用户来自己安装专用的"电话软件"。

AG、TG 和 SG 这三者共同实现了电话交换机接入功能，可以使 PSTN/PLMN 网络的电话用户方便接入语音业务，可以将音频和视频混合存在的多媒体流适配成方便传输的 IP 包，并扩展了业务接入功能，具体可以体现在 MSAG、 H.323 GW、WAG、IAD 等设备上。使用各类接入设备和网关，软交换网能够将 H.323 IP、有线电话、PSTN/PLMN、无线接入的不同用户的传输数据、语音信息、多媒体业务综合接入。

2.3.2 传输层基本原理

NGN 传输层即指 NGN 的承载网络。用于负责建立和管理承载连接、对这些连接进行交换和路由，以响应控制层的命令。传输层可用多种形式

如：IP、ATM、SDH 等。

IP 协议：为了实现计算机通过网络进行相互之间的连接通信而设计使用的协议。在因特网中，它使得连接到因特网上的所有计算机能够遵循一套既定的统一规则才能够相互通信。IP 协议是一套协议软件，它由程序和软件组成，它把各种"帧"统一转换成"IP 数据包"的格式，这种转换是因特网的一个最重要的特点，使所有各种计算机都能在因特网上实现互通。

ATM：ATM 是一项数据传输技术，是实现 B-ISDN 的业务的核心技术之一。ATM 一用了分组交互技术和复用的技术，建立在信元的基础之上，它不仅适用在局域网还能够在广域网上使用，具有很高的数据传输速率并且支持许多种数据类型例如传真、实时视频、图像、声音、数据、CD 音频的通信。

SDH：Synchronous Digital Hierarchy 同步数字体系：SDH 传输网是由一些基本的 SDH 网络单元（NE）和网络节点接口（NNI）组成，通过光纤线路或微波设备等连接进行同步信息传输、复用、分插和交叉连接的网络。

2.3.3 控制层基本原理

控制层被称为下一代网络核心控制层，其功能单元一般被称软交换机，软交换技术是业务/控制和传送/接入分离思想的外在体现，是下一代网络体系非常关键的技术，它的核心思想就是硬件软件化，应用软件方式去实现原有交换机的功能，包括控制、接续和业务处理等，更方便地提供各种业务并且更快的实现各种复杂协议。简单来说，软交换作为实体，去实现传统的"呼叫控制"功能。而传统的"呼叫控制"与业务关系密切，业务的差别导致需要的呼叫控制功能各不相同；因此软交换需提供基本呼叫控制。以后软交换要尽量简单，而智能部分要尽量移至外部的业务或者业务层。

软交换主要完成以下功能：
- 地址解析功能：完成地址解析工作（ENUM ），转换和重定向 E.164 地址、别名地址与 IP 地址。
- 业务提供与交换功能：软交换设备一定要提供 PSTN/ISDN 交换机的所

有业务（即基本业务和补充业务），而且要配合现有智能网，提供智能网的业务，以支持现有的 PSTN 用户；提供多种增值业务（使用开放的 API 接口）。

- 呼叫控制功能：软交换的重要功能，它完成基本呼叫的建立、维持和释放；提供包含资源的控制和连接、呼叫处理以及智能呼叫的触发检出等控制，可以说是整个网络的"大脑"。

- 互联互通功能：软交换设备需要解决互通问题，因此，软交换设备就要面对不同网络的互通：比如与不同协议的互通，与信令网和智能网的互通，来支持智能业务；在软交换上通过互通模块与 SIP 协议、H.323 协议、BICC， H.248 协议互通；与不同类型协议终端互通。

- 协议处理功能：软交换是开放、多协议实体，采用标准协议与媒体网关、终端以及网络进行通信，软交换设备需要支持的协议包括 SIGTRAN 协议、H.248/MGCP、SIP/SIP-T 协议。软交换在不同的接入方式写还要处理协议 H.23、RADIUS、 INAP、BRI 和 PRI 等。

- 计费功能：软交换应该实现对呼叫的计费功能（如详细计费和复式计次），以满足软交换设备商用性。

- 资源管理功能：软交换为了集中管理 NGN 网络设备资源（如资源分配、释放和控制），就需要提供网络资源管理功能。另外软交换需提供相关认证/授权等功能，可以防止非法用户或设备等接入从而保证网络资源的安全。

2.3.4 业务层基本原理

业务层用来处理业务逻辑，它具备 IN（智能网）业务逻辑、AAA（认证、鉴权、计费）、地址解析等功能，而且可以通过应用基于标准的协议和 API 去发展业务应用。NGN 即提供现有电话业务以及智能网业务，此外，可以提供与互联网应用相结合的业务以及多媒体业务。

NGN 的主要业务是提供：

- 多媒体业务即桌面视频呼叫或者会议、流媒体服务以及协同应用。

- 与 Internet 网络结合业务即 INSTANT MESSAGING、同步浏览、CLICK TODAIL、个人信息管理、WEB 800。
- 业务接口（API）开放即 NGN 即要提供上面的业务，更要提供标准接口以便于新业务开发和接入。诸如 SIP、PARLAY、JAIN 等。
- 另外包括基本的 PSTN 话音业务，如 CENTREX 和 PSTN 及 ISDN 语音业务、智能和标准补充等业务。

业务层主要的设备有：

- SCP：原来从属智能网使用的业务控制点。原有智能网平台被控制层的软交换设备用来方便用户使用智能业务。此时的软交换设备应有 SSP 功能。
- 用户数据库：用来存储客户数据以及网络配置。
- 应用服务器：又称 APPLICATION SERVER，主要是提供开放的应用程序开发接口 API 给业务开发者使用。

2.4 下一代通信网络相关协议

NGN 是基于标准协议的网络，它支持多种标准协议。NGN 网络接口的协议包括以下方面的内容：

在媒体网关与网关控制器间的协议分为：

— MEGACO

— H.248

— MGCP

在信令网关与媒体网关控制器间的协议是：

— SIGTRAN

在媒体网关控制器间协议是：

— BICC

— SIP

位于网守与媒体网关控制器间的协议是：

— SIP

— H323

在业务层设备与媒体网关控制器间协议是：

— PARLAY

— SIP

2.4.1 MEGACO/H.248 协议

H.248/Megaco 协议是 2000 年由 ITU-T 第 16 工作组提出的媒体网关控制协议，它是在早期的 MGCP 协议基础上改进而成。应用于媒体网关与软交换之间及软交换与 H.248/MeGaCo 终端之间，是软交换应支持的重要协议。H.248/Megaco 结合 MGCP 协议和其他相关媒体控制协议形成，具备为控制媒体提供相应的建立、修改以及释放的机制，此外它也通过携带相应随路的呼叫信令从而对传统网络终端的呼叫进行支持等功能。它强调了业务、控制分别与承载分离，这样就可以独立发展业务、控制以及承载.其中 MEGACO 采用文本方式，H.248 采用 ASN.1 格式，基于 TCP 和 UDP 协议之上，可由 IP，ATM，SDH 等多种承载方式承载，可用于 TGW、AGW、ROW 等各个类型的网关之上，支持多方会议和呼叫保持、呼叫转移等附加业务。

2.4.1.1 协议介绍

H.248 协议定义的连接模型包括终端（terminal）和上下文（context）两个主要概念。终端是 MG 中的逻辑实体，能发送和接收一种或多种媒体，在任何时候，一个终端属于且只能属于一个上下文，可以表示时隙、模拟线和 RTP（real time protocol）流等。终端类型主要有半永久性终端（TDM 信道或模拟线等）和临时性终端（如 RTP 流，用于承载语音、数据和视频信号或各种混合信号），用属性、事件、信号、统计表示终端特性。

2.4.1.2 协议作用

为了解决屏蔽终端多样性问题，在协议中引入了包（package）概念，将终端的各种特性参数组合成包。一个上下文是一些终端间的联系，它描述终端之间的拓扑关系及媒体混合/交换的参数。

朗讯公司（Lucent）在 MGCP 协议中首次提出 context 概念，使协议具有更好的灵活性和可扩展性，H.248/MeGaCo 沿用了这个概念，它可用 Add 命令创建，用 Subtract 或 Move 命令删除。

2.4.1.3 主要功能

H.248 协议是由 MGC 控制 MG 的协议，也称 MeGaCo。H.248 中引入了 context 概念，增加了许多 package 的定义，从而将 MGCP 大大推进一步。可以说 H.248 建议已取代 MGCP，成为 MGC 与 MG 之间的协议标准。

将网关分解成 MG 和 MGC 是研制大型电信级 IP 电话网关的需要。

MGC 的功能

(1)处理与网守间的 H.225 RAS 消息；

(2)处理 No.7 信令（可选）；

(3)处理 H.323 信令（可选）。

MG 的功能

(1)IP 网的终结点接口；

(2)电路交换网终结点接口；

(3)处理 H.323 信令（在某类分解中）；

(4)处理带有 RAS（registration admission status）功能的电路交换信令（在某类分解中）；

(5)处理媒体流。

2.4.1.4 特点

H.248 与 MGCP 在协议概念和结构上有很多相似之处，但也有不同。

H.248/MeGaCo 协议简单、功能强大，且扩展性很好，允许在呼叫控制层建立多个分区网关；MGCP 是 H.248/MeGaCo 以前的版本，它的灵活性和扩展性不如 H.248/MeGaCo。

H.248 支持多媒体，MGCP 不支持多媒体。应用于多方会议时，H.248 比 MGCP 容易实现。

MGCP 基于 UDP 传输，H.248 基于传输控制协议（TCP）、UDP 等。

H.248 的消息编码基于文本和二进制，MGCP 的消息编码基于文本。

2.4.1.5 实际应用

随着数据通信和 IP 业务的迅速发展，以分组交换为基础的 IP 网络由于其简单和开放，得到了越来越广泛的应用。 已有专家预测，未来的各项电信业务将统一在 IP 网络上。传统电话网将不可避免地过渡到以数据业务特别是 IP 业务为中心的融合的 NGN（下一代网络）。NGN 将以 IP 网络为核心，通过以 TCP/IP 为基础的分组交换网络，承载起包括话音在内的所有通信类业务。

NGN 和软交换

NGN 以分组交换网为核心，以传送话音、数据、多媒体综合业务为目标，可以完成实时应用或非实时应用。它与现有各种网络进行互通，并逐渐走向融合和统一，兼容现有的电信业务和 Internet 服务，并为快速提供新的业务创造有利环境。

业界对 NGN 体系结构按功能从垂直方向上分为边缘层、核心层、控制层和业务层 4 层，各层之间通过标准的开放接口互连，并通过标准的接口和协议实现与现有通信网络的互连和互通。

在这 4 个层次中，控制层可以看作是核心，主要是采用软交换方式来实现。与现有的各种有线或无线网络的互连互通则依靠各种 MG（媒体网关）。

（1）边缘层

该层的主要功能是将各种传统网络（PSTN、ISDN、IN、H.323、Internet、专网等）和各种用户终端接入核心分组传送网，对用户业务进行集中、汇聚和传送，同时通过各种媒体网关实现 NGN 与现有电路交换网络之间的互连互通。提供各种宽带、窄带、移动、固定用户的接入。主要网络部件为 TG（中继网关）、SG（信令网关）、AG（接入网关）和 IAD（集成接入部件）等。

（2）核心层

该层是能够提供 QoS（服务质量）保证的数据承载网，主要功能是完成业务信息的高速交换和传送。该层的主要网络部件为宽带交换机、高速路由器、高速光传送网等数据交换和传输设备。

（3）控制层

该层是整个网络的智能心脏，是一个集中的控制平台。其主要功能是提供终端用户端到端的呼叫/会话控制、接入协议适配、互连互通和资源管理等功能，从而实现网络业务的控制和融合。该层的主要网络功能为软交换、MGC（媒体网关控制器）、呼叫代理、呼叫控制器、呼叫服务器等。

（4）应用层

该层是 NGN 业务与服务的支撑环境，除提供传统智能业务外，还可以通过提供开放的、功能强大的 API（应用编程接口），供第三方业务开发者调用，以便迅速开发出新的业务。该层在垂直方向上由应用和中间件两部分组成。其中，应用部分的主要网络部件为各种 AS（应用服务器），如 AAA（认证、鉴权、计费）服务器、PS（策略服务器）和 OSS（运营支撑系统）等，提供各种业务的控制逻辑，完成增值业务和相应的服务处理。中间件包括鉴权、计费、目录、安全、浏览、查找、导航、格式转换等软件组件。

软交换技术的思路是将业务、呼叫控制、媒体控制进行分离。软交换设备位于分层后的呼叫控制层，与媒体层的网关交互作用，接收终端的相关信息，指示网关完成连接控制。MG 的主要功能是将一种网络中的媒体转换成另一种网络所要求的媒体格式。例如：MG 能够在电路交换网的承载通道和分组网的媒体流之间进行转换。TG 是在电路交换网与分组网络之间的网关，用来终结大量的数字电路。AG 是将模拟线与分组网络相连的网关。

软交换设备内部主要分为资源管理功能、MG 接入功能、呼叫控制功能、互连互通功能、业务提供功能等功能模块。与外部接口全部采用标准协议，例如，与 SG 的接口采用 Sigtran（SS7/IP）协议；与 AAA 服务器的接口采用 Radius 协议；与应用服务器的接口采用 SIP 协议；与网管服务器的接口采用 SNMP 协议；与 H.523 网络的互通采用 H.323 协议族；与 MG

（TG、AG）的接口采用 H.248 协议；软交换之间的呼叫或软交换设备与 SIP 终端的呼叫采用 SIP 协议。

通过这种分离，软交换网络体系具有了很多优点，一个软交换设备可以同时控制多个 MG，系统的可扩充性得到了提高；其次，具体的媒体流的转换由相应的 MG 完成，有利于设备的单一性和可靠性；当一个软交换设备故障时，可以由其他软交换设备来代替完成 MG 的控制，提高了系统的冗余度；最后，软交换设备和 MG 之间采用标准的协议控制，有利于不同设备的厂家开展竞争和合作。

2.4.1.6 H.248 协议在 NGN 中的应用

H.248/Megaco 协议（MG 控制协议），简称 H.248 协议，是 IETF、ITU-T 制定的一个非对等协议，用在 MGC 和 MG 之间的通信。主要功能是建立一个良好的业务承载连接模型，将呼叫和承载连接进行分离，通过对各种业务网关（TG、AG、RG（注册网关））等的管理，实现分组网络和 PSTN（公共交换电话网）做的业务互通。

一个 H.248 消息可以分为几层,，第 1 层可以看做是消息头和若干个事务组成，事务可以是事务请求（Transaction Req），也可以是事务应答（Transaction Reply）。每一个事务又可以看做是事务头和若干个动作组成，每个动作都是与一个上下文相关的。一个动作（Action）包括一个上下文头部和若干个命令。每个命令（Command）包含命令头部和若干个描述符。

事务保证顺序命令的执行，即在一个事务中，命令是按序执行的。当所有命令成功执行时事务才成功执行，当其中一个命令失败时，整个事务失败。

行动是与上下文是密切相关的，它由一系列局限于一个上下文的命令组成。在一个行动内，命令需要顺序执行。

命令是 H.248 消息的主要内容，实现对上下文和终端属性的控制，包括指定终端报告事件的什么信号和动作可施加于终端，以及指定上下文的拓扑结构。

信号意味着终端会发生某些事情，如送音或显示文本消息等。信号由软交换通过信号描述符来指定，同时可以指定它的持续时间，一般情况下，当终端检测到某个事件时，会自动停止信号的播放。

2.4.1.7 用户信号音的改变

在通信业务中，用户从话机中会听到系统播放的不同的信号音。通过这些信号音，用户可以得知当前的通信状况。这些信号音在 H.248 协议中，是由软交换控制设备向 MG 发出相关信令，由 MG 合成，并向用户播放。以用户摘机后听到的拨号音为例，下面是软交换核心设备发送到 MG 的消息：

其中：cg 表示呼叫进程音通用包，dt 是其中拨号音的标识。

从这个消息结构可以看出，对于用户信号音的选择，是由软交换设备通过 H.248 消息中信号（Signals）的特定参数定义并下发 MG 执行的。用户有时因为一些特殊业务需要听特殊的信号音，例如主叫用户登记立即呼叫转移后，摘机听到的是特殊拨号音（该特殊拨号音提示用户有特殊业务登记，避免用户因遗忘取消而导致来电错误转移）。对于这样的要求，可以通过修改信号中的参数进行变化。可以选择 cg 包中的其他音代码，在软交换核心设备与 MG 之间的 H.248 协议消息如下：

其中：xcg 是扩展的呼叫进程音通用包（Q.1950 定义），spec 是其中定义的特殊拨号音标识。

对于用户信号音的变化需要选择新的参数，增加了软交换内部对于用户业务判断的条件，且软交换设备和此软交换下所有 MG 均要支持。这种方式比较适用于全网范围内对于各种标准化的业务所需信号音的定义。但如果用户有个性化信号音需求（比如把拨号音换成音乐），上述方式因为属于系统级改动，对流程有影响，且无法满足大量不同用户的个性化需求，用户也无法对信号音进行自主选择，所以不具备实施性。

那么是否有其他方式可以实现呢？通过呼叫流程知道，虽然 MG 播放什么信号音是由软交换核心设备控制的，但真正实现用户信号音的播放则是 MG 本身。也就是说，与传统交换机信令音提供方式不同，H.248 协议下，用户的各种信号音均由本地网关提供，如果改变 MG 中这些信号音对应的音资源，则能在不改变信令参数以及业务流程的情况下，改变用户听到的信号音，因为这种改变只改变本地网关音资源数据，所以对于其他网关下的用户以及软交换核心设备都没有影响。

与传统电信交换机不同，MG 有多种形式，有接人上千用户的大型设备，也有供家庭使用的只接几部电话的小型终端，甚至就是话机形式。对于小型设备，因为均是面向个别用户，上述音资源的修改方案正好可以满足用户个性化信号音的需求。

通过这种方式实现的个性化信号音，可以避免对软交换系统以及整个呼叫流程做任何改动。相比电信公司提供的通过智能网方式实现的个性化信号音（如彩铃），以上方式有实现成本低（由小型网关设备提供此功能）、用户使用方便（可随时修改音资源）、无需缴纳电信公司业务使用费等优势。需要指出的是，因为信号音的播放受到软交换设备信令控制，如果被叫有彩铃业务，则软交换将建立主叫网关与彩铃业务平台之间的话路连接，而不向主叫网关发送放回铃音的信令。在这种情况下，主叫将听到被叫的彩铃音而不是自己定义在网关上的信号音。

由于通信网络中信号音都为单音频组合方式，因此在小型网关设计中均采用简单的 DSP 合成实现，缺少大容量音资源存储单元和较复杂的音合成单元。所以仅测试了通过改变信号音的音频组合实现用户个性化信号音。随着软交换网络的部署，个人使用的小型网关设备将大量出现。届时，为满足用户个性化需求而生产的设备将与手机一样，具备大容量音资源存储单元和较复杂的音合成单元。用户设定个性化的特点信号音将成为可能。

随着电信运营商对软交换网络的部署，已经证实了 H.248 协议完全可以在 IP 网络中实现 PSTN 中的各种通信业务，并且在新业务的应用方面有更强的灵活性和实现的简易性。H.248 协议必将成为 NGN 中的主流通信协议。

2.4.2 SIGTRAN 协议

2.4.2.1 SIGTRAN 协议含义

SIGTRAN 是 Signaling Transport 的缩写，是在 IP 网络中传递 SS7 信令的协议。SIGTRAN 协议是 IETF 的一种用于 IP 网络传送 PSTN 信令的传输控制协议，它由 SIGTRAN 信令传送工作组建立。SIGTRAN 总结出相对完善的 SIGTRAN 协议堆栈.分为 IP 协议、信令传输、信令应用以及信令传输适配等四层。每层的不同含义如下：

IP 协议层：IP

信令传输层：SCTP

信令应用层：TCAP、TUP、ISUP、SCCP、MTP3、Q931/QSIG

信令传输适配层：SUA、M3UA、M2UA、M2PA、IUA

不同的信令应用层需要不同的信令传输适配层，但 IP 协议层和信令传输层是共享的和相同的。信令传输适配层与信令应用层的对应关系如下：

SUA 对应 TCAP

M3UA 对应 TUP、ISUP、SCCP、TCAP

M2UA/M2PA 对应 MTP3、ISUP

IUA 对应 Q931/QSIG、ISUP

2.4.2.2 SIGTRAN 协议功能

SIGTRAN 有两个主要功能：适配和传输。与此对应，SIGTRAN 协议栈包含两层协议：传输协议和适配协议。

传输协议使用流控制传输协议 SCTP。SCTP 是在 TCP 协议的基础上发展而来，是一种提供了可靠、高效、有序的数据传输协议。与 TCP 相比，SCTP 具有以下特点：

SCTP 具有更高的安全性。

SCTP 支持多宿主,IP 网络的源地址和目的地址都只有一个,而 SCTP 在此基础上做了改进，源地址和目的地址都允许多个地址，一个端点可以由多于一个 IP 地址组成，使得网络可靠性增加。

SCTP 支持多流传送消息，TCP 只支持一个流。打个比方，TCP 相当于一条高速公路，但每个方向只有一条车道，如果这条车道出现拥塞，其他数据包就只有等待了。而 SCTP 在每个方向上都采用多条通道，提高数据传输效率。

适配协议包含 M3UA（MTP3 User Adaptation，MTP3 用户适配层）、M2UA（MTP2 User Adaptation，MTP2 用户适配层）、IUA（ISDN Q.921 User Adaptation，ISDN Q.921 用户适配层）、M2PA（MTP2 Peer Adaptation，MTP 第二层的用户对等适配层）、SUA（SCCP User Adaptation，SCCP 用户适配层）等。比如说 ISUP 协议原来是在 MTP3 上面传送的，ISUP 和 MTP3 之间有明确的层间接口。现在没有 MTP3 了，采用 M3UA 来替代，那么 M3UA 就要把这个层间接口原封不动的继承下来，不能让 ISUP 感觉到底层协议有变化，因此 M3UA 要很好地去适配 ISUP 消息，不能让它感觉到跟原来有任何不同的地方。

利用标准的 IP 传送协议作为低层传送，并通过增加自身的功能来满足 SS7 信令的传送要求，是 NGN 中重要的传输控制协议之一。

2.4.2.3 SIGTRAN 协议介绍

（1）M3UA 协议：M3UA 是 MTP 第三级用户适配层协议，提供信令点编码和转换 IP 地址，在软交换与信令网关间传送七号信令协议，在 IP 网上传送 MTP 第三级的用户消息，包括 ISUP、TUP 和 SCCP 消息，TCAP 消息作为 SCCP 的净荷可由 M3UA 透明传送。

（2）SCTP 协议：传输层中面向连接的协议，该协议采用类似于 TCP 的流量、拥塞控制算法，通过正式自身以及重发机制保证在 SCTP 端点间的用户的数据传输可靠性。与 TCP 等协议相比，该协议具有延时小，可靠性、安全性高，避免数据阻塞的优点。

（3）SUA 协议：SUA 是 SCCP 用户适配层协议。SUA 与 M3UA 有所区别，它直接实现 TCAP over IP 的功能。

（4）IUA 协议：IUA 是 ISDN Q.931921 的用户适配层的协议。

（5）M2UA 及 M2PA 协议：M2UA 及 M2PA 是 MTP 二级的用户对等的层次之间的适配层协议。

SIGTRAN 支持 PSTN 信令应用的标准原语接口，使用标准 IP 传输协议作为低层传输指令，是 NGN 中一个较为重要的传输控制协议。

2.4.3 SIP 协议

2.4.3.1 SIP 协议介绍

会话启动协议 SIP（Session Initiation Protocol），是由 IETF（Internet Engineering Task Force，因特网工程任务组）制定的多媒体通信协议。它是一个基于文本的应用层控制协议，属于多媒体通信系统框架协议。广泛应用于 CS（Circuit Switched，电路交换）、NGN（Next Generation Network，下一代网络）以及 IMS（IP Multimedia Subsystem，IP 多媒体子系统）的网络中，可以支持并应用于语音、视频、数据等多媒体业务，同时也可以应用于 Presence（呈现）、Instant Message（即时消息）等特色业务。可以说，有 IP 网络的地方就有 SIP 协议的存在。用来作为会话的建成、修整和停止，支持 IP 业务呼叫、多媒体的电话，两方或多方的会话。

语义和语法类似与 HTTP，采用请求一响应模式，从 SIP 客户机发起需要的请求，由 SIP 服务器来接收，再从 SIP 服务器返回其响应，最后由 SIP 客户机进行接收。SIP 实体间的通信消息型号有请求、响应、事务的处理等几类，用来处理呼叫信令、用户的定位以及认证信息，SIP 的消息传输也是共同基于 UDP 和 TCP 上面。SIP 可以减少应用特别是高级应用的开发时间。由于基于 IP 协议的 SIP 利用了 IP 网络，固定网运营商也会逐渐认识到 SIP 技术对于他们的远意义。

SIP（Session Initiation Protocol）是一个应用层的信令控制协议。用于创建、修改和释放一个或多个参与者的会话。这些会话可以是 Internet 多媒体会议[3]、IP 电话或多媒体分发。会话的参与者可以通过组播（multicast）、网状单播（unicast）或两者的混合体进行通信。

SIP 与负责语音质量的资源预留协议（RSVP）互操作。它还与若干个其他协议进行协作，包括负责定位的轻型目录访问协议（LDAP）、负责身份验证的远程身份验证拨入用户服务（RADIUS）以及负责实时传输的 RTP 等多个协议。

SIP 的一个重要特点是它不定义要建立的会话的类型，而只定义应该如何管理会话。有了这种灵活性，也就意味着 SIP 可以用于众多应用和服

50

务中，包括交互式游戏、音乐和视频点播以及语音、视频和 Web 会议。SIP 消息是基于文本的，因而易于读取和调试。新服务的编程更加简单，对于设计人员而言更加直观。SIP 如同电子邮件客户机一样重用 MIME 类型描述，因此与会话相关的应用程序可以自动启动。SIP 重用几个现有的比较成熟的 Internet 服务和协议，如 DNS、RTP、RSVP 等。不必再引入新服务对 SIP 基础设施提供支持，因为该基础设施很多部分已经到位或现成可用。

对 SIP 的扩充易于定义，可由服务提供商在新的应用中添加，不会损坏网络。网络中基于 SIP 的旧设备不会妨碍基于 SIP 的新服务。例如，如果旧 SIP 实施不支持新的 SIP 应用所用的方法/标头，则会将其忽略。

SIP 独立于传输层。因此，底层传输可以是采用 ATM 的 IP。SIP 使用用户数据报协议（UDP） 以及传输控制协议（TCP），将独立于底层基础设施的用户灵活地连接起来。SIP 支持多设备功能调整和协商。如果服务或会话启动了视频和语音，则仍然可以将语音传输到不支持视频的设备，也可以使用其他设备功能，如单向视频流传输功能。

通信提供商及其合作伙伴和用户越来越渴求新一代基于 IP 的服务。如今有了 SIP（The Session Initiation Protocol 会话启动协议），一解燃眉之急。SIP 是不到十年前在计算机科学实验室诞生的一个想法。它是第一个适合各种媒体内容而实现多用户会话的协议，如今已成了 Internet 工程任务组 （IETF） 的规范。

今天，越来越多的运营商、CLEC（竞争本地运营商）和 ITSP（IP 电话服务商）都在提供基于 SIP 的服务，如市话和长途电话技术、在线信息和即时消息、IP Centrex/Hosted PBX、语音短信、push-to-talk（按键通话）、多媒体会议等等。独立软件供应商 （ISV） 正在开发新的开发工具，用来为运营商网络构建基于 SIP 的应用程序以及 SIP 软件。网络设备供应商（NEV） 正在开发支持 SIP 信令和服务的硬件。如今，有众多 IP 电话、用户代理、网络代理服务器、VOIP 网关、媒体服务器和应用服务器都在使用 SIP。

SIP 从类似的权威协议——如 Web 超文本传输协议（HTTP） 格式化协议以及简单邮件传输协议（SMTP） 电子邮件协议——演变而来并且发展成为一个功能强大的新标准。但是，尽管 SIP 使用自己独特的用户代理和服务器，它并非自成一体地封闭工作。SIP 支持提供融合的多媒体服务，与众多负责身份验证、位置信息、语音质量等的现有协议协同工作。

SIP 较为灵活，可扩展，而且是开放的。它激发了 Internet 以及固定和移动 IP 网络推出新一代服务的威力。SIP 能够在多台 PC 和电话上完成网络消息，模拟 Internet 建立会话。

与存在已久的国际电信联盟（ITU） SS7 标准（用于呼叫建立）和 ITU H.323 视频协议组合标准不同，SIP 独立工作于底层网络传输协议和媒体。它规定一个或多个参与方的终端设备如何能够建立、修改和中断连接，而不论是语音、视频、数据或基于 Web 的内容。

SIP 大大优于现有的一些协议，如将 PSTN 音频信号转换为 IP 数据包的媒体网关控制协议（MGCP）。因为 MGCP 是封闭的纯语音标准，所以通过信令功能对其进行增强比较复杂，有时会导致消息被破坏或丢弃，从而妨碍提供商增加新的服务。而使用 SIP，编程人员可以在不影响连接的情况下在消息中增加少量新信息。

例如，SIP 服务提供商可以建立包含语音、视频和聊天内容的全新媒体。如果使用 MGCP、H.323 或 SS7 标准，则提供商必须等待可以支持这种新媒体的协议新版本。而如果使用 SIP，尽管网关和设备可能无法识别该媒体，但在两个大陆上设有分支机构的公司可以实现媒体传输。

而且，因为 SIP 的消息构建方式类似于 HTTP，开发人员能够更加方便便捷地使用通用的编程语言（如 Java）来创建应用程序。对于等待了数年希望使用 SS7 和高级智能网络（AIN） 部署呼叫等待、主叫号码识别以及其他服务的运营商，现在如果使用 SIP[4] ，只需数月时间即可实现高级通信服务的部署。

这种可扩展性已经在越来越多基于 SIP 的服务中取得重大成功。Vonage 是针对用户和小企业用户的服务提供商。它使用 SIP 向用户提供

20，000 多条数字市话、长话及语音邮件线路。Deltathree 为服务提供商提供 Internet 电话技术产品、服务和基础设施。它提供了基于 SIP 的 PC 至电话解决方案，使 PC 用户能够呼叫全球任何一部电话。Denwa Communications 在全球范围内批发语音服务。它使用 SIP 提供 PC 至 PC 及电话至 PC 的主叫号码识别、语音邮件，以及电话会议、统一通信、客户管理、自配置和基于 Web 的个性化服务。

某些权威人士预计，SIP 与 IP 的关系将发展成为类似 SMTP 和 HTTP 与 Internet 的关系，但也有人说它可能标志着 AIN 的终结。迄今为止，3G 界已经选择 SIP 作为下一代移动网络的会话控制机制。Microsoft 已经选择 SIP 作为其实时通信策略并在 Microsoft XP、Pocket PC 和 MSN Messenger 中进行了部署。Microsoft 同时宣布 CE dot net 的下一个版本将使用基于 SIP 的 VoIP 应用接口层，并承诺向用户 PC 提供基于 SIP 的语音和视频呼叫。

另外，MCI 正在使用 SIP 向 IP 通信用户部署高级电话技术服务。用户将能够通知主叫方自己是否有空以及首选的通信方式，如电子邮件、电话或即时消息。利用在线信息，用户还能够即时建立聊天会话和召开音频会议。使用 SIP 将不断地实现各种功能。

2.4.3.2 SIP 压缩机制

SIP 压缩机制主要是通过改变 SIP 消息的长度来降低时延。典型的 SIP 消息的大小由几百到几千字节，为了适合在窄带无线信道上传输，IMS 对 SIP 进行了扩展，支持 SIP 消息的压缩。当无线信道一定时，一条 SIP 消息所含帧数 k 仅取决于消息大小。从时延模型可以看出，不仅影响 SIP 消息传输时延， 还影响 SIP 重传的概率， 对自适应的定时器来说，k 还成了影响定时器初值的关键因素。

2.4.3.3 SIP 于 NGN 中应用

SIP 网络由 SIP 用户代理（User Agent）和网络服务器组成。其中，SIP 用户代理（UA）是一个如 PC、可移动电话、PDA 等用户终端上的 SIP 应用，用户代理客户机（UAC）—发送 SIP 请求，用户代理服务器（UAS）

—接收呼叫请求，其中 SIP 用户代理就是 UAC、UAS 两者的结合。

SIP 于 NGN 中的应用主要是：

- 两个网关之间互相传递信息
- 控制器和服务器间传递业务消息
- 媒体网关控制器和 SIP 终端之间传递业务消息

2.4.3.4 SIP 发展历程

SIP 出现于二十世纪九十年代中期，源于哥伦比亚大学计算机系副教授 Henning Schulzrinne 及其研究小组的研究。Schulzrinne 教授除与人共同提出通过 Internet 传输实时数据的实时传输协议（RTP） 外，还与人合作编写了实时流传输协议（RTSP）标准提案，用于控制音频视频内容在 Web 上的流传输。

Schulzrinne 本来打算编写多方多媒体会话控制 （MMUSIC） 标准。1996 年，他向 IETF 提交了一个草案，其中包含了 SIP 的重要内容。1999 年，Shulzrinne 在提交的新标准中删除了有关媒体内容方面的无关内容。随后，IETF 发布了第一个 SIP 规范，即 RFC 2543。虽然一些供应商表示了担忧，认为 H.323 和 MGCP 协议可能会大大危及他们在 SIP 服务方面的投资，IETF 继续进行这项工作，于 2001 年发布了 SIP 规范 RFC 3261。

RFC 3261 的发布标志着 SIP 的基础已经确立。从那时起，已发布了几个 RFC 增补版本，充实了安全性和身份验证等领域的内容。例如，RFC 3262 对临时响应的可靠性作了规定。RFC 3263 确立了 SIP 代理服务器的定位规则。RFC 3264 提供了提议/应答模型，RFC 3265 确定了具体的事件通知。

早在 2001 年，供应商就已开始推出基于 SIP 的服务。今天，人们对该协议的热情不断高涨。Sun Microsystems 的 Java Community Process 等组织正在使用通用的 Java 编程语言定义应用编程接口 （API），以便开发商能够为服务提供商和企业构建 SIP 组件和应用程序。最重要的是，越来越多的竞争者正在借助前途光明的新服务进入 SIP 市场。SIP 正在成为自

HTTP 和 SMTP 以来最为重要的协议之一。

SIP 的优点：类似 Web 的可扩展开放通信。使用 SIP，服务提供商可以随意选择标准组件，快速驾驭新技术。不论媒体内容和参与方数量，用户都可以查找和联系对方。SIP 对会话进行协商，以便所有参与方都能够就会话功能达成一致以及进行修改。它甚至可以添加、删除或转移用户。

不过，SIP 不是万能的。它既不是会话描述协议，也不提增加供会议控制功能。为了描述消息内容的负载情况和特点，SIP 使用 Internet 的会话描述协议 （SDP） 来描述终端设备的特点。SIP 自身也不提供服务质量 （QoS），它与负责语音质量的资源保留设置协议 （RSVP） 互操作。它还与若干个其他协议进行协作，包括负责定位的轻型目录访问协议（LDAP）、负责身份验证的远程身份验证拨入用户服务 （RADIUS） 以及负责实时传输的 RTP 等多个协议。

2.4.3.5 SIP 通信要求

（1）用户定位服务

（2） 会话建立

（3） 会话参与方管理

（4） 特点的有限确定

2.4.3.6 SIP 会话构成

SIP 会话使用多达四个主要组件：SIP 用户代理、SIP 注册服务器、SIP 代理服务器和 SIP 重定向服务器。这些系统通过传输包括了 SDP 协议（用于定义消息的内容和特点）的消息来完成 SIP 会话。下面概括性地介绍各个 SIP 组件及其在此过程中的作用。

用户代理：SIP 用户代理（UA） 是终端用户设备，如用于创建和管理 SIP 会话的移动电话、多媒体手持设备、PC、PDA 等。用户代理客户机发出消息。用户代理服务器对消息进行响应。

注册服务器：SIP 注册服务器是包含域中所有用户代理的位置的数据库。在 SIP 通信中，这些服务器会检索出对方的 IP 地址和其他相关信息，并将其发送到 SIP 代理服务器。

代理服务器：SIP 代理服务器接受 SIP UA 的会话请求并查询 SIP 注册服务器，获取收件方 UA 的地址信息。然后，它将会话邀请信息直接转发给收件方 UA（如果它位于同一域中）或代理服务器（如果 UA 位于另一域中）。

重定向服务器：SIP 重定向服务器允许 SIP 代理服务器将 SIP 会话邀请信息定向到外部域。SIP 重定向服务器可以与 SIP 注册服务器和 SIP 代理服务器同在一个硬件上。

SIP 通过以下逻辑功能来完成通信 :

用户定位功能：确定参与通信的终端用户位置。

用户通信能力协商功能：确定参与通信的媒体终端类型和具体参数。

用户是否参与交互功能：确定某个终端是否加入某个特定会话中。

建立呼叫和控制呼叫功能：包括向被叫"振铃"、确定主叫和被叫的呼叫参数、呼叫重定向、呼叫转移、终止呼叫等。

SIP 能够连接使用任何 IP 网络（有线 LAN 和 WAN、公共 Internet 骨干网、移动 2.5G、3G 和 Wi-Fi）和任何 IP 设备（电话、PC、PDA、移动手持设备）的用户，从而出现了众多利润丰厚的新商机，改进了企业和用户的通信方式。基于 SIP 的应用（如 VOIP、多媒体会议、push-to-talk（按键通话）、定位服务、在线信息和 IM）即使单独使用，也会为服务提供商、ISV、网络设备供应商和开发商提供许多新的商机。不过，SIP 的根本价值在于它能够将这些功能组合起来，形成各种更大规模的无缝通信服务。

使用 SIP，服务提供商及其合作伙伴可以定制和提供基于 SIP 的组合服务，使用户可以在单个通信会话中使用会议、Web 控制、在线信息、IM 等服务。实际上，服务提供商可以创建一个满足多个最终用户需求的灵活应用程序组合，而不是安装和支持依赖于终端设备有限特定功能或类型的单一分散的应用程序。

通过在单一、开放的标准 SIP 应用架构下合并基于 IP 的通信服务，服务提供商可以大大降低为用户设计和部署基于 IP 的新的创新性托管服务的成本。它是 SIP 可扩展性促进本行业和市场发展的强大动力，是所有人的希望所在。

2.4.3.7 H.323 协议和 SIP 协议的比较

H.323 和 SIP 分别是通信领域与因特网两大阵营推出的协议。H.323 企图把 IP 电话当作是众所周知的传统电话，只是传输方式发生了改变，由电路交换变成了分组交换。而 SIP 协议侧重于将 IP 电话作为因特网上的一个应用，较其它应用（如 FTP，E-mail 等）增加了信令和 QoS 的要求，它们支持的 业务基本相同，也都利用 RTP 作为媒体传输的协议。但 H.323 是一个相对复杂的协议。

H.323 采用基于 ASN.1 和压缩编码规则的二进制方法表示其消息。ASN.1 通常需要特殊的代码生成器来进行词法和语法分析。而 SIP 的基于文本的协议，类似于 HTTP。基于文本的编码意味着头域的含义是一目了然的，如 From、To、Subject 等域名。这种分布式、几乎不需要复杂的文档说明的标准规范风格，其优越性已在过去的实践中得到了充分的证明（如今广为流行的邮件协议 SMTP 就是这样的一个例子）。SIP 的消息体部份采用 SDP 进行描述，SDP 中的每一项格式为=，也比较简单。

在支持会议电话方面，H.323 由于由多点控制单元（MCU）集中执行会议控制功能，所有参加会议终端都向 MCU 发送控制消息，MCU 可能会成为颈，特别是对于具有附加特性的大型会议；并且 H.323 不支持信令的组播功能，其单功能限制了可扩展性，降低了可靠性。而 SIP 设计上就为分布式的呼叫模型，具有分布式的组播功能，其组播功能不仅便于会议控制，而且简化了用户定位、群组邀请等，并且能节约带宽。但是 H.323 的集中控制便于计费，对带宽的管理也比较简单、有效。

H.323 中定义了专门的协议用于补充业务，如 H.450.1、H.450.2 和 H.450.3 等。SIP 并未专门定义的协议用于此目的，但它很方便地支持补充业务或智能业务。只要充分利用 SIP 已定义的头域（如 Contact 头域），并对 SIP 进行简单的扩展（如增加几个域），就可以实现这些业务。例如对于呼叫 转移，只要在 BYE 请求消息中添加 Contact 头域，加入意欲转至的第

57

三方地址就可以实现此业务。对 于通过扩展头域较难实现的一些智能业务，可在体系结构中增加业务代理，提供一些补充服务或与 智能网设备的接口。

在 H.323 中，呼叫建立过程涉及到第三条信令信致到：RAS 信令信道、呼叫信令信道和 H.245 控制信道。通过这三条信道的协调才使得 H.323 的呼叫得以进行，呼叫建立时间很长。在 SIP 中，会话请求过程和媒体协商过程等一起进行。尽管 H.323v2 已对呼叫建立过程作了改进，但较之 SIP 只需要 1.5 个回路时延来建立呼叫，仍是无法相比。H.323 的呼叫信令通道和 H.245 控制信道需要可靠的传 输协议。而 SIP 独立于低层协议，一般使用 UDP 等无法连接的协议，用自己信用层的可靠性机制来保 证消息的可靠传输。

总之，H.323 沿用的是传统的实现电话信令模式，比较成熟，已经出现了不少 H.323 产品。H.323 符合通信领域传统的设计思想，进行集中、层次控制，采用 H.323 协议便于与传统的电话网相连。SIP 协议借鉴了其它因特网的标准和协议的设计思想，在风格上遵循因特网一贯坚持的简练、开放、兼容和可扩展等原则，比较简单。

以下针对它们的应用目标、标准结构、系统组成以及系统实现的难易程度等几个方面进行简单分析。

（1）标准应用目标

h.323 标准是 itu-t 组织 1996 年在 h.320/h.324 的基础上建立起来的，其应用目标是，在基 ip 的网络环境中，实现可靠的面向音视频和数据的实时应用。如今经过多年的技术发展和标准的不断完善，h.323 已经成为被广大的 itu 成员以及客户所接受的一个成熟标准族。

sip 标准是 itef 组织在 1999 年提出的，其应用目标是在基于 internet 环境，实现数据、音视频实时通讯，特别是通过 internet 将视频通讯这种应用大众化，引入到千家万户。由于 sip 协议相对于 h.323 而言，相对简单、自由，厂商可以使用相对小的成本就可以构造满足应用的系统。例如仅仅使用微软基于 sip 协议的 msn，和 rtc 就可以构造一个简单的，基于 internet

应用环境的视频通讯环境。这样网络运营商就可以在尽量少的成本基础上，利用现有的网络资源开展视音频通讯业务的扩展工作。

（2）标准体系结构

h.323 是一个单一标准，而不是一个关于在 ip 环境中实时多媒体应用的完整标准族，对于呼叫的建立、管理以及所传输媒体格式等各个方面都有完善而严格的规定。一个遵守 h.323 标准建立的多媒体系统，可以保证实现客户稳定完善的多媒体通讯应用。

sip 标准严格意义上讲是一个实现实时多媒体应用的信令标准，由于它采用了基于文本的编码方式，使得它在应用上，特别是点到点的应用环境中，具有极大的灵活性、扩充性以及跨平台使用的兼容性，这一点使得运营商可以十分方便的利用现有的网络环境实现大规模的推广应用。

但是 sip 协议自身不支持多点的会议功能以及管理和控制功能，而是要依赖于别的协议实现，影响了系统的完备性，特别是对于需要多点通讯的要求，应用单纯的 sip 系统难以实现。针对这些不足，以 radvison 公司为首的 itu-t sg16 小组提出了 sip 的运用规范，并实现了 sip 和 h.323 之间的互通互联，并成功的解决了 sip 在多点环境下的应用难题。

（3）系统组成结构

首先，在系统主要组成成员的功能性方面进行类比，sip 的 ua 等价于一个 h.323 的终端，实现呼叫的发起和接收，并完成所传输媒体的编解码应用；sip 代理服务器、重定向服务器以及注册服务器的功能则等价于 h.323 的 gatekeeper，实现了终端的注册、呼叫地址的解析以及路由。

其次，虽然在呼叫信令和控制的具体实现上不同，但一个基于 sip 的呼叫流程与 h.323 的 q931 相类似，sip 所采用的会话描述协议（sdp）则类似于 h.323 中的呼叫控制协议 h.245。

（4）实现难易性

h.323 标准的信令信息是采用符合 asn.1 per 的二进制编码，并且在连接实现全过程都要严格标准的定义，系统的自由度小，如要实现大规模的应用，需要对整个网络的各个环节进行规划。

sip 标准的信令信息是基于文本的，采用符合 iso10646 的 utf-8 编码，并且全系统的构造结构相对灵活，终端和服务器的实现也相对容易成本也较低，从网络运营商的角度考虑，构造一个大规模视频通讯网络，采用 sip 系统的成本要廉价许多，而且也更具有可实现性。

通过对 sip 和 h.323 协议之间进行比较，我们不难看出，h.323 和 sip 之间不是对立的关系，而是在不同应用环境中的相互补充。sip 作为以 internet 应用为背景的通讯标准，是将视频通讯大众化，引入千家万户的一个有效并具有现实可行性的手段。而 h.323 系统和 sip 系统有机结合，又确保了用户可以在构造相对廉价灵活的 sip 视频系统的基础上，实现多方会议等多样化的功能，并可靠的实现 sip 系统与 h.323 系统之间的互通，在最大程度上满足用户对未来实时多媒体通信的要求。

2.4.4 H.323 协议

2.4.4.1 H.323 协议简介

H.323 是一种标准的音视频传输协议，能够实现远程提审功能。

H.323 是 ITU-T 第 16 工作组的建议，由一组协议构成，其中有负责音频与视频信号的编码、解码和包装，有负责呼叫信令收发和控制的信令，还有负责能力交换的信令。H.323 的第 4 版本具备做电信级大网的特征，以它为标准构建的 IP 电话网能很容易地与传统 PSTN 电话网兼容，从这点上看，H.323 更适合于构建电话到电话的电信级大网。

H.323 协议族规定了在主要包括 IP 网络在内的基于分组交换的网络上提供多媒体通信的部件、协议和规程。H.323 一共定义了四种部件：终端，网关，网守和多点控制单元。利用它们，H.323 可以支持音频、视频和数据的点到点或点到多点的通信。H.323 协议族包括用于建立呼叫的 H.225.0、用于控制的 H.245、用于大型会议的 H.332 以及用于补充业务的 H.450.X 等。H.323 协议中包含 3 条信令控制信道：RAS 信令信道、呼叫信令信道和 H.245 控制信道。3 条信道的协调工作使得 H.323 的呼叫得以进行。

2.4.4.2 H.323 协议体系结构

为了能在不保证 QoS 的分组交换网络上展开多媒体会议，由 ITU 的第 15 研究组 SG-15 于 1996 年通过 H.323 建议的第一版，并在 1998 年提出了 H.323 的第二版。H.323 制定了无 QoS（服务质量）保证的分组网络 PBN（packet Based Networks）上的多媒体通信系统标准，这些分组网络主宰了当今的桌面网络系统，包括基于 TCP/IP、IPX 分组交换的以太网、快速以太网、令牌网、FDDI 技术。因此，H.323 标准为 LAN、WAN、Internet、因特网上的多媒体通信应用提供了技术基础和保障。

H.323 是 ITU 多媒体通信系列标准 H.32x 的一部份，该系列标准使得在现有通信网络上进行视频会议成为可能，其中，H.320 是在 N-ISDN 上进行多媒体通信的标准；H.321 是在 B-ISDN 上进行多媒体通信的标准；H.322 是在有服务质量保证的 LAN 上进行多媒体通信的标准；H.324 是在 GSTN 和无线网络上进行多媒体通信的标准。H.323 为现有的分组网络 PBN（如 IP 网络）提供多媒体通信标准。若和其它的 IP 技术如 IETF 的资源预留协议 RSVP 相结合，就可以实现 IP 网络的多媒体通信。基于 IP 的 LAN 正变得越来越强大，如 IP over SDH/SONET、IP over ATM 技术正在快速发展以及 LAN 宽带正在不断的提高。由于能提供设备与设备、应用与应用、供应商与供应商之间的互操作能力，因此，H.323 能够保证所有 H.323 兼容设备的互操作性。更高速率的处理器、日益增强的图形器件和强大的多媒体加速芯片使提 PC 成为一个越来越强大的多媒体平台。H.323 可提供 PBN 与别的网络之间进行多媒体通信的互连互通标准。许多计算机、网络通信公司，如 Inter、Microsoft 和 Netscape 都支持 H.323 标准。H.323 标准包括在无 QoS 保证的分组网络中进行多媒体通信所需的技术要求。这些分组网络包括 LAN、WAN、Internet/因特网以及使用 PPP 等分组协议通过 GSTN 或 ISDN 的拨号连接或点对点连接。

从整体上来说，H.323 是一个框架性建设，它涉及到终端设备、视频、音频和数据传输、通信控制、网络接口方面的内容，还包括了组成多点会议的多点控制单元（MCU）、多点控制器（MC）、多点处理器（MP）、网关以及关守等设备。它的基本组成单元是"域"，在 H.323 系统中，所谓域是指一个由关守管理的网关、多点控制单元（MCU）、多点控制器（MC）、多点处理器（MP）和所有终端组成的集合。一个域最少包含一个终端，而且必须有且只有一个关守。H.323 系统中各个逻辑组成部份称为 H.323 的实体，其种类有：终端、网关、多点控制单元（MCU）、多点控制器（MC）、多点处理器（MP）。其中终端、网关、多点控制单元（MCU）是 H.323 中的终端设备，是网络中的逻辑单元。终端设备是可呼叫的和被呼叫的，而有些实体是不通被呼叫的，如关守。H.323 包括了 H.323 终端与其它终端之间的、通过不同网络的、端到端的连接。

2.4.4.3 H.323 组成协议

H.323 是国际电信联盟（ITU）的一个标准协议栈，该协议栈是一个有机的整体，根据功能可以将其分为四类协议，也就是说该协议从系统的总体框架（H.323）、视频编解码（H.263）、音频编解码（H.723.1）、系统控制（H.245）、数据流的复用（H.225）等各方 面作了比较祥细的规定。

H.323 是基于分组的多媒体通信的协议族，是 ITU-T 提出的关于视频电话及多媒体会议传输协议 H.32x 系列中的一部分。实现点到点、点到多点会议、呼叫控制、多媒体管理、带宽管理、LAN 与其他网络的接口。其由如下协议组成：

- H.225 负责媒体分组和多媒体通信系统的呼叫分组；
- H.245 负责多媒体信息交换的控制协议；
- H.450 用于在分组网上开放补充业务；
- T.120 是数据和会议控制协议；
- G.7XX 是音频的编解码方式；
- H.26X 是视频的编解码方式；
- G.7XX 和 H.26X 都是基于 RTP 之上的多媒体编解码方式；
- RTCP 是（Real-time Transport Control Protocol）实时传输控制协议和 RTP 一起

提供流量控制和拥塞控制服务；
- RAS 消息是用于 H.323 终端与网守通信时使用的协议；

H.323 系统定义提供丰富的多媒体通信功能的多个网络元素。这些元素是终端（Terminals），多点控制单元（MCU），Gateway，Gatekeeper 和边框元素（Border Elements）。

● 终端：在 H.323 网络里是最基本的要素，因为这些设备，用户通常会遇到。他们可能会在一个简单的 IP 电话或一个功能强大的 high-definition 视讯会议系统的形式存在。

● 多点控制单元：是负责管理多点会议，并称为两个逻辑实体组成的多点控制器（MC）和多点处理器（MP）。

● Gateways：网关设备，使 H.323 网络和其他网络，如 PSTN 或 ISDN 网络，之间的沟通。如果在对话中的一方是利用一个终端，是不是一个 H.323 终端，然后调用必须通过一个网关，以使双方的沟通。

● Gatekeepers：Gatekeeper 在 H.323 网络终端是一个可选组件，Gatekeeper 和 MCU 套件提供了多项服务。这些服务包括端点注册、地址解析、接入控制、用户验证，等等。看门人执行的各项职能，地址解析是最重要的，因为它能使两个端点接触没有任何端点知道对方的其他端点的 IP 地址。

2.4.4.4 H.323 通信原理

在 H.323 多媒体通信系统中，控制信令和数据流的传送利用了面向连接的传输机制。在 IP 游戏栈中，IP 与 TCP 协作，共同完成面向连接的传输。可靠的传输保证了数据数据包传输时的流量控制、连续性以及正确性，但也可能引起传输时延以及占用网络宽带。H.323 将可靠的 TCP 用于 H.245 控制信道、T.120 数据信道，呼叫信令信道。而视频和音频信息采用不可靠的、面向非连接的传输方式，即利用用户数据协议 UDP（User Datagram Protocol）。UDP 无法提供很好的 QoS，只提供最少的控制信息，因此传输时延较 TCP 小。在有多个视频流和音频流的多媒体通信系统中，基于 UDP 和不可靠传输利用 IP 多点广播和由 IETF 实时传输协议 RTP 处理视频和音频信息。IP 多播是以 UDP 方式进行不可靠多点广播传输的协议。RTP 工作于 IP 多播的顶层，用于处理 IP 网上的视频和音频流，每个 UDP 包均加上一个包含时间戳和序号的报头。若接收端配以适当的缓冲，那么它就可以种用时间戳和序号信息"复原，再生"数据包、记录失序包、同步语音、图像和数据以及改善边接重放效果。实时控制协议 RTCP 用于 RTP 的控制。RTCP 监视服务质量以及网上传送的信息，并定期将包含服务质量信息的控制信息包发分给所有通信节点。

　　在大型分组网络如因特网中，为一个多媒体呼叫保留点足够的宽带是很重要的，也是很困难的。另一个 IETF 协议--资源预流协议 RSVP 允许接收端为某一特殊的数据流申请一定数量的宽带，并得到一个答复，确认申请是否被许可。虽然 RSVP 不是 H.323 标准的正式组成部份，但大多数 H.323 产品都必须支持他，因为宽带的预流对 IP 网络上多媒体通信的成功至关重要，RSVP 需要得到终端、网关、装有多点处理器的 MCU 以及中间路由器或交换机的支持。

　　H.225.0 适用于不同类型的网络，其中包括以太网、令牌环网等。H.225.0 被定义在诸如 TCP/IP，SPX/IPX 传输层。H.225.0 通信的范围是在 H.323 网关之间，并且是在同一个网上，使用同一种传输协议。如果在整个因特网上使用 H.323 协议，通信性能将会下降。H.323 试图把 H.320 扩展到无质量保证的局域网中，通过使用强大的认可控制会议控制，使一个专门会议的参加者从几人到几千人。

　　H.225.0 建立了一个呼叫模型，在这个模型中，呼叫建立和性能协商没有使用 RTP 传输地址，呼叫建立之后才建立若干个 RTP/RTCP 连接。呼叫建立之前，终端可以向某个关守（Gatekeeper）注册。如果终端要向某个关守注册，它必须知道这个关守的年限（Vintage）。正因为如此，发现（discovery）和注册（registion）结构都包含了一个 H.245 类型的对象标志，它提供了 H.323 应用版本的年限。这些结构还包含了可选择的非标准消息，它允许终端建立非标准关系。在这些结构的末尾，还包括了版本号的非标准状态。其中：版本号是必须的，非标准信息是可选的。非标准信息用来在两个终端之间相通知其年限及非标准状态。虽然所有的 Q.931 消息在用户到用户信息中具有可选的非标准信息，但在所有的 RAS 通道信息中还是具有可选的非标准信息。另外，在任何时候都能发送一个非标准 RAS 消息。进行注册、认可和状态通信的不可靠通道称为 RAS 通道。开始一个呼叫一般必须首先发送一个认可请求消息，接着发送一个初始建立消息，这个过程以收到连接消息为结束。

当可靠的 H.245 控制通道建立之后，音频、视频以及数据的传输通道都可以相应建立。多媒体会议的有关设置也可以在这里设置。当使用可靠的 H.245 控制通道传送消息后，H.225 终端可以通过不可靠通道发送音频、视频数据。错误隐藏和其它一些信息是用来处理发生丢包的情况。一般情况下，音频、视频数据包不会重发，因为重发将引起网络网络上的延时。假设底层已经处理了对位出错的检测，而且错误的包不会传给 H.225。音频、视频数据和呼叫信号不会在同一个通道里传输，并且不使用同样的消息结构。H.225.0 有能力使用不同的传输地址，在不同的 RTP 实例当中发送和接收音频、视频数据，以确保不同媒体帧的序列号和每种媒体的服务质量。现在 ITU 正在研究如何把音频、视频数据包混合在同一个传输地址中同一帧中，虽然音频、视频数据能够凭错传输层服务访问点标识来共享同一个网络地址，但是制造商还是选择使用不同的网络地址来分别传输音频、视频数据。在网关、多点控制单元和关守中可以使用动态传输层服务访问点标识来代替固定传输层服务访问点标识。

一个可靠的传输地址用于终端与终端之间的呼叫建立，也可以用于关守之间，可靠的呼叫信号连接必须按照下例规则进行。在终端与终端的呼叫信号传输中，每个终端都可以打开或关闭可靠呼叫信号通道。对于关守的呼叫信号传输，终端必须保证在整个过程中打开可靠端口。虽然关守能够选择是否关闭信号通道，但是对于网关正在使用的呼叫通道，关守必须保证它打开。诸如显示信息等 Q.931 信息可以在端到端之间传输。如果由于传输层的某个原因使得可靠的连接被断开，这个连接必须重建，此次呼叫不认为是失败。除非 H.245 通道被关闭。呼叫状态和呼叫参考值不受关闭可靠连接的影响。同一时间可以打开多个 H.245 通道，因此同一个终端可以同时参加多个会议。在一个会议中，一个终端甚至可以同时打开多种类型的通道，例如，同时打开两个音频通道来得到立体声效果。但是在一个点对点的呼叫中只能打开一个 H.245 控制通道。

H.245 协议定义了主从判别功能，当在一个呼叫中的两个终端同时初始化一个相同的事件时，就产生了冲突。例如，资源只能被一个事件使用。为了解决这个问题，终端必须判断谁是主终端，谁是从终端，主从叛别过程用来判断哪个终端是主终端，哪个是从终端。终端的状态一旦决定，在整个呼叫过程期间都不会改变。性能交换过程用来保证传输的媒体信号是能够被接收端接收的，也就是接收端必须能够解码接收数据。这要求每一个终端的接收和解码能力必须被对方终端知道。终端不需具备所有的能力，对于不能理解的要求可以不予理睬。终端通过发送它的性能集使对方知道自己的接收和解码能力。接收性能描述了终端接收和处理信息流的能力。发送必须确保所发送的性能集的内容是自己能够做到的。发送性能给接收方提供了操作方式的选择集，接收方可以从中选择某种方式。如果缺省了发送性能集，这说明了发送方没有给接收方选择，但这并不说明发送方不会向接收方发送数据。这些性能集使得终端可以同时提供多种媒体流的处理。例如，一个终端可以同时接收两路不同的 H.262 视频信号和两路不同的 H.722 音频信号。性能消息描述的不仅仅是终端具有的固有能力，还描述了它可以同时具有哪些模型。它也可能表示了发送性能和接收性能之间的一种折中。终端可以使用非标准参数结构来发送非标准性能和控制消息。非标准消息是制造商或其它组织定义的，用来表明其终端所具有的特殊能力。

逻辑通道信号过程确保在逻辑通道打开时，终端就具有接收和解码数据的能力。打开逻辑通道消息包含了关于传送数据的描述。逻辑通道必须在终端有能力同时接收所有打开通道的数据时才通被打开。一个逻辑通道由传送方打开。接收方可以向传送方请求关闭逻辑通道，传送方可以接受请求，也可以拒绝请求。当性能交换结束时，双方终端通过交换的性能描述符都知道了对方的性能。终端不需要知道描述符中所有性通，只要知道它使用的性能即可。终端知道自己与对方终端的环型延时是很有用的。环型延时判别就是用来测试环型延时的，它还可以用来测试远方终端是否存在。命令和说明可以用来传送一些特殊的数据。命令和说明不会得到远程终端的响应消息。命令用于强迫远程终端执行一个动作，说明用于提供信息。

H.323 协议规定，音频和视频分组必须被封装在实时协议 RTP 中，并通过发送端和接收端的一个 UDP 的 Socket 对来进行承载。而实时控制协议 RTCP 用来评估会话和连接质量，以及在通信方之间提供反馈信息。相应的数据及其支持性的分组可以通过 TCP 或 UDP 进行操作。H.323 协议还规定，所有的 H.323 终端都必须带一个语音编码器，最低要求是必须支持 G.711 建议。

2.5 NGN 业务模式

通信网络各种业务的开发和部署通常由网络运营商完成，其优点是安全可靠，有利于普遍服务，然而由于业务和网络捆绑在一起，客观上造成业务运营的垄断性，从而制约了业务的快速更新，限制了个性化业务的正常发展。

自以软交换技术为核心的下一代网络的概念提出以来，国际上一些重要的机构、标准组织纷纷在理论上进行了深入的研究和探讨，不断完善和丰富其内容，制定了众多的协议标准，积极推动下一代网络向商用发展。

目前，为抢占电信市场，世界各主要通信设备提供商相继推出了下一代网络解决方案。从实际应用情况来看，在第四层的业务提供模式上还远远未达到下一代网路的基本要求。现网中业务层主要还是传统业务模式的一种 IP 化的搬移，基本语音业务、补充业务都是在软交换设备中实现，增值业务的提供方式至今还是延用传统的智能网形式，业务逻辑的生成、管理等功能在 SCP 平台完成，业务触发在智能网中 SSP 上。

以当前应用形势，结合先进的业务提供的思想，对下一代网络中业务提供模式进行了深入探讨，提出了业务提供模式的一般框架。

2.5.1 网络演变中业务的定位

下一代网络是一个很广泛的范畴，随着通信技术的进步和业务发展理念的变化，它的目标是建立一个能够提供话音、数据、多媒体等多种业务能力，集通信、信息、电子商务等于一体化的综合性网络。

在电信网络不断演进的今天，下一代网络关注的中心已从原先的网络运营向业务运营逐步转变。日益激烈的竞争环境使电信运营商的观点发生深刻转变，对基础网络设施建设的投入逐年减少，能否快速、高效地向客户提供丰富的业务是企业利润的主要增长点，这些已达成广泛共识。

由技术导向转变为市场导向，是网络运营商在网络建设投资观念上的一个重要转变。NGN 是演进而不是革命，既要保护原有的投资，又要有新的革新。下一代网络演进的基本宗旨是，充分利用现有网络资源和业务资源，出于业务发展趋势，采用新技术、建设新网络的投资有着广阔的市场前景和广泛的应用需求。

2.5.2 NGN 业务需求及业务特性

NGN 是基于 IP 分组网络，具有业务实现与网络控制分离，功能分层的开放式特点，是一种有能力提供全业务的新型网络，包括话音、数据、视频和多媒体等综合业务，并支持多种接入方式，网络互通，业务融合，提供开放的业务开发接口，允许第三方业务提供商独立提供新业务。

综合起来，下一代网络业务应具有以下特性。

NGN 未来的业务特性归结为多媒体特性、开放性、个性化、虚拟业务特性和业务的智能化五大特点，其中发展最快的特性将是多媒体特性。

（1）多媒体特性

NGN 本身的定义就是将语音、数据、视频融为一体，因此多种媒体协同工作业务最有特色的业务。

（2）开放性

NGN 网络具有标准的、开放的业务开发接口，这不仅能够让运营商借助自己的研发能力为客户快速提供多样的定制业务，而且通过综合业务平台接受第三方业务提供商开发的业务，实现业务开发和提供的完全开放，从而达到 NGN 业务永无止境的创新和丰富。

（3）个性化

电信业务面向个性化是当前的一种发展趋势，通过客户群体的合理细分以及针对性的业务涉及，总之，业务个性化服务将给运营商带来丰厚的利润。

（4）虚拟业务特性

虚拟业务是将个人身份、联系方式等虚拟化。用户可以使用个人号码，号码可携带等虚拟业务，实现在任何时候、任何地点的通信。

（5）业务的智能化

随着技术的发展和理念的转变，通信终端具有多样化、智能化的特点，完全可以有效地把网络业务和终端特性结合起来，向用户提供更加智能化且便于推广的业务。

2.5.3 NGN 业务要求

下一代网络要求业务实现与呼叫控制相分离，需要满足以下几点基本要求。

（1）标准化

软交换业务系统能够多厂家互通，实现不依赖于厂家的业务开发，避免重蹈智能网业务互通困难。为此，软交换系统业务系统的标准化工作应体现在三个方面：应用业务访问网络资的业务接口标准化，以促进厂商设备互通；业务开发接口标准化，以提供不依赖于具体厂商设备的业务开发能力，实现第三方业务开发和应用业务的即时运行；业务规范的标准化，使得在全网能够采用多厂商的产品提供同类业务。

（2）开放化

构建开放的业务体系、培育新的价值体系。以往由运营商独立负责业务开发和业务运营的封闭模式只适合用于提供大规模的公众业务，只有由多种商业角色分工协作才能更好的快速相应用户对丰富业务特性的个性化业务的需求。为此，要求软交换业务系统能够采用开放业务接口结束，实现业务与网络的分离，提供第三方业务开发和第三方业务运营能力。

（3）多样性

软交换业务系统中的业务提供途径和业务开发方式应该支持多样化，以面向不同层次不同角度的业务提供需求和业务开发需求。软交换业务系统中应并存多种业务提供方式。可利用 SIP 技术提供业务应用服务器和业务接口；可采用 Parlay 应用服务器和开放业务接口，提供多网融合的业务和第三方业务；继续支持 PSTN 网络的智能网业务等。

（4）融合性

提供多网融合的业务一直是运营商积极追求的目标之一。运营商期望有低到高逐步实现不同层次的融合，并对软交换业务系统目标架构以及软交换业务系统的未来发展提出新的要求。

● 提供组合业务

这是融合业务最初的表现形式。组合业务的目的是将多种业务打包统一提供给用户，并为用户提供统一的管理界面，如统一订购服务、统一帐单服务。为此，初期可采用在后台二次汇总处理的方式提供组合业务。未来应要求业务系统能够支持对用户数据的集中存储管理，提高统一的运营支撑系统。

● 提供覆盖多网多种终端的融合多网能力的应用业务

提供多网融合的业务是业界发展的热点。包括三方面含义：业务覆盖范围涵盖了多种网络、多种终端，如固定网络、移动网络，宽带终端、窄带终端等；业务融合能够利用多种网络能力，如结合多媒体和移动能力的业务，如融合电信网络呼叫控制能力与企业应用的业务；提供对用户的统一管理，如统一业务订购服务、统一业务帐单服务等。

2.5.4 软交换体系对业务环境的支持

软交换是下一代网络的核心，开放式业务的提供正是建立在各种网络融合互通的软交换体系之上的。在网络从电路交换向分组交换的演进中，业务应当具有完全的继承性。首先，软交换必须能够继承 PSTN/ISDN 交换机提供的全部业务，包括基本业务和补充业务，以及与现有智能网络配合提供智能网业务。此外，软交换需要提供对业务应用服务器平台的支持，以利于新业务的引入和开发。

2.5.4.1 软交换提供基本业务和补充业务

基本业务一般指应用最为广泛的点到点语音业务，还包括传真等，在传统的基于电路交换的网络中，语音流需要经过交换机承载并路由转发，而软交换网络中语音承载则是独立于软交换设备，语音媒体的传输是使用公共的承载网络实现。基本业务由软交换的呼叫/控制功能实体提供，是组成补充业务的基础。

相对于种类单一的基本业务而言，补充业务的种类繁多，实现也相对复杂，因此难以控制。在软交换系统中，补充业务也是由网络中的呼叫/会话控制实体提供的，是在基本业务的基础上增加用户数据和用户特征的业务，如号码显示、呼叫前转、多方通信类等。

传统的 PSTN/ISDN 网络经过多年的发展和运营商多年运营经验的积累，已经能够提供相当丰富的基本业务和补充业务。在网络演进的过程中，作为核心控制作用的软交换，需要全部继承原有网络交换机所提供的业务。

2.5.4.2 软交换与智能网互通提供增值业务

补充业务业务实现方式存在一定缺陷，首先，软交换系统最基本、最重要的功能是实现呼叫连接与控制，而补充业务的实现与呼叫控制密切联系，这样势必增加软交换系统业务流程的复杂度，也会影响其运行效率；其次，在通信网中，补充业务信息存储在不同软交换设备中，所以新业务数据的相对分散使得难以集中维护和管理。智能网的出现使得业务实现与呼叫控制相分离，在一定程度上解决了这个难题。

智能网是一种提供增值业务的技术，它通过在原有的交换网络之上，增加新的业务控制点.来实现交换和业务控制的分离。业务逻辑在 SCP 上运行，智能网提供商提供智能网设备，同时负责编写业务逻辑，业务逻辑控制呼叫过程提供业务。经过多年的发展和实践证明，智能网发展为一套比较成熟的技术。

智能网中的业务通过业务控制点 SCP（Service Control Point）来提供，软交换网络与 SCP 之间的互通为继承已有的智能网业务提供保证。下一代网络中，软交换设备作为业务交换点 SSP（Service Switch Point），与现有网络中的 SCP 进行交互，从而能继续使用传统网络中的智能业务。

SCP 与软交换设备之间通过 INAP 协议进行通信，由于 SCP 存在于 SS7（Signaling System No.7）网络中，软交换设备位于分组网络中，所以需要信令网关连接两种网络，使在 MTP（Message Transfer Protocol）上承载的信令能够在 IP 分组网络上正常传输。

与传统的业务提供方式相比，智能网是一个重大的进步。然而，随着智能网技术的广泛使用，它的缺点也越来越明显。首先，它是一个封闭的系统，业务逻辑只能由智能网设备的提供商来编写，不同厂商的 SCE（Service Creation Environment）存在较大的差异，没有一个统一的标准。因此，智能网不能支持第三方提供的业务；其次，智能网的结构决定了，它提供的数据业务的能力是有限的，更不能适合多媒体业务发展的要求，因此它不可能成为下一代网络中业务解决方案的选择。

2.5.5 基于 PARLAY API 技术的下一代业务提供模式

NGN 时代不可避免的到来，业务是运营商竞争的关键。智能网对语音业务的控制有着很强的优势，也可以用来为数据业务提供智能控制，它的封闭性是制约其发展的重要因素。传统的智能网业务提供平台已不能满足网络发展的需要，API 技术的出现适时地解决了上面的问题。在所有的业务提供方式中，最为吸引人和最能体现软交换网络业务特点的就是利用开放的 API 向第三方提供业务支持，其中又以 Parlay API 技术最为成熟。

2.5.5.1 Parlay API 简介

Parlay API 是基于分布式、面向对象技术，由 Parlay 组织定义的一组开放的、独立于具体技术的网络接口规范，为处于网络运营商之外的第三方应用提供接入和控制核心网络的标准方法。Parlay API 屏蔽了网络层的具体通信协议，使得在实现业务时不必关心如何使用网络资源。

就定义接口而言，Parlay 体系结构中存在六个最重要的功能实体，分别为 Parlay 框架、Parlay 业务能力、客户应用、企业经营者、第三方业务提供商和框架管理者。其中框架接口和业务能力接口是核心的模块。

（1）业务接口（Service Interface）

业务能力接口则提供对底层网络的业务操作和控制，向业务开发层提供统一的网络能力接口。业务提供者可以利用这类接口访问业务能力服务器。

（2）框架接口（Framework Interface）

其作用是管理业务能力和为其它模块接入业务能力模块。目前框架接口提供的功能包括业务登记、发现和通知，用户认证和授权等管理。

业务能力接口在整个 Parlay API 体系中处于重要地位，与业务开发息息相关。所以也是最复杂的一类接口。

2.5.5.2 Parlay API 在网络中的位置

Parlay API 是通过 Parlay 网关来提供的，它位于现有各种网络之上，网络中的网络单元通过 Parlay 网关与各种应用能力服务器进行交互，从而提供第三方业务或其它综合业务，Parlay 网关与应用服务器之间的接口为 Parlay API， Parlay 网关与现有网络的网络单元之间采用网络协议通信。

这里 Parlay 网关是一个逻辑功能实体，存在于 IP 分组网络上，与网络中各种网络单元通过通信协议交互。

2.5.5.3 Parlay API 提供增值业务的种类

Parlay API 是一个标准的接口，从而能够使第三方业务开放商可以通过此接口利用网络运营商的网络资源提供各种形式的业务。目前定义的三方业务主要分为以下几类：

（1）通信类业务：如点击拨号、VOIP、点击传真、会议、紧急呼叫等；

（2）消息类业务：如统一消息、短消息、语音邮箱、E-Mail、多媒体消息等；

（3）消息类业务：如新闻、体育、旅游、金融、天气等各种消息的查询、订制和通知等；

（4）支付类业务：如电子商务、移动银行、网上支付等；

（5）娱乐类业务：如游戏、博采、谜语、教育、广告等；

2.5.5.4 开放式业务体系结构

电信网业务的提供模式经历了一个逐步演进的过程。目前的业务大多由基础网络设备、业务平台或智能网、ICP 等提供。而下一代网络的分层结构以及业务和网络相对分离的特点，使得下一代网络业务的提供模式发生了变化，除了原有的网络设备提供业务以外，还具有一些独特的业务提供模式和提供流程，即在网络运营商提供业务的同时，更多地支持第三方提供各种业务和应用，核心网络提供业务的同时，终端也越来越多地介入到业务提供中，使业务提供更加方便、快捷，业务种类更加丰富和个性化。与现有网络提供的业务相比，下一代网络业务生成更加方便、快捷，更多的人可以生成业务，用户更容易购买和使用业务，并具有更多的业务选择、业务部署和维护更加简单。

新的业务提供模式带来了组网和业务提供的灵活性，同时也打破了原有传统网络和业务的运营管理模式，对现有的技术和政策都将产生深远的影响，因此需要不断探索合适的商业模式、资费模式和管理模式，合理利用网络资源，真正实现可运行、可管理、可维护、可盈利的下一代网络业务。

下一代网络本身是一种业务融合性网络，除继承传统网络中提供的各种增值业务外，同时易于发展与互联网相关的新型业务。所以在下一代网络业务体系中，依旧需要保持对原有增值业务的支持，并可基于标准的业务开发平台提供开放性的业务模式。

通过网络互连互通，软交换网络可以继承使用传统网络中的智能业务，同时软交换还能接受 Internet 网络上丰富的数据业务，独立的业务服务器也是软交换的一种业务提供方式，一般采用 SIP 协议。

NGN 一个重要的特征是提供开放业务接口。第三方业务提供平台由独立的业务运营商提供，装载各种业务控制逻辑，与数据库配合完成对业务的控制，相当于分布式的业务控制点（SCP），应用服务器平台装载各种业务能力服务器，每一种服务器对应一类 Parlay API。例如，呼叫控制负责呼叫的建立、选路、监视和释放，这里的呼叫可以是普通呼叫、会议呼叫或多媒体形式的呼叫；通用信息负责处理用户的各类媒体信息，业务逻辑通过内嵌的 Parlay API 函数调用应用服务器中需要的业务能力，后者再指令下层网络的控制实体，完成所需的网络动作，如呼叫控制将通过与软交换系统的交互来控制呼叫连接的建立或释放。业务能力的定义独立于下一层网络，当该业务能力指令映射为相应的网络接口协议，例如与软交换系统交互的 SIP 协议，通过这样的机制，复杂的下层网络协议将对第三方业务提供者完全屏蔽，业务开发者只要组合调用 API 函数，就可以灵活地构造各种跨不同网络平台的增值业务，每一种业务一般要利用多种 API 业务能力，从 Parlay API 的角度看，第三方业务提供平台为 API 的客户端，应用服务器平台将 Parlay API 指令映射为对应的网络协议，因此可称其为 Parlay 网关，该网关设备由网络运营商提供。

Parlay 框架接口负责对第三方业务运营商的认证和鉴权，根据业务接口的要求搜索和选择相应的基本业务能力，同时还提供负载管理、故障管理、操作维护能力，以确保第三方开发的业务有效控制、安全可靠的在各类网络平台中运用，框架接口还有一项重要的功能，就是允许应用服务器平台介入第三方提供的基本业务能力。

2.6 NGN 国内外研究现状

NGN 的协议、设备、业务以及其它相关技术的发展程度决定了 NGN 的发展水平。被业界广泛接受的 NGN 框架中主要包括软交换、中继网关、信令网关、接入网关、应用服务器等关键设备。其中，又以软交换支持的各种协议和业务开发接口 API 技术的发展成熟度来衡量 NGN 当前的发展状况：以业务发展为驱动力的市场格局的形成和满足业务发展的业务提供模式的广泛应用是 NGN 成熟的标志；而其它技术，如 QOS 保证技术、网络安全技术等的成熟则是 NGN 得以大规模发展的关键.

NGN 协议和标准的发展和完善是 NGN 应用成熟和网络融合的关键。软交换体系中众多的协议将为设备研发和不同厂商间设备的互通提供巨大的支撑和可靠保障。总的来说，目前 NGN 的众多协议处于阶段性成熟状态，即可以为支持语音业务的软交换系统提供完善的协议支持。许多电信设备提供商都推出了各自的 NGN 解决方案和系列产品，有些则已进入试验网运营阶段，对 NGN 的协议能力进行有效性和互通性检验。许多关键协议都已经形成了一个比较完整的版本，但应该清楚地看到，软交换相关协议的发展和完善仍需要一个相对较长的过程。

NGN 的一个显著特征是可以向第三方开放相关的业务接口，实现业务的第三方提供。向第三方提供开放的业务接口是今后业务发展的趋势，目前相关的 API 接口技术，如 Parlay API 正处于逐步完善过程中，还不够成熟，并没有试验产品出现，各大电信设备提供商正集中优势力量研发下一代业务引擎，相信很快有解决方案的出现。

目前，整个软交换技术尚处于初期发展阶段，国际上软交换还没有大规模商用的成功案例和运营经验，网络演进的革新需要通过实践来不断验证和修正，也会随着业务和功能需求的发展而不断补充和更新。相关标准化组织、设备提供商、电信运营商应该清醒地认识到，NGN 发展之路任重道远。

2.7 研究内容及意义

首先从整体上概括地介绍了下一代网络的基本体系构架，分析了下一代网络的基本特征、特点以及相对传统网络的优势。然后，按照下一代网络的分层结构：即业务层、控制层、传输层和接入层的先后顺序详细地探讨了 NGN 的内容和相关技术。其中，重点分析了下一代网络的控制层，软交换是控制层的主要网络单元实体，它是 NGN 中最为核心的部分。软交换系统的基本功能是实现呼叫连接和控制，文章在实践应用的基础上总结出软交换系统的基本组成后，接着又分别以呼叫控制功能和计费功能为中心，详细地讨论软交换系统各模块之间如何协同运作实现呼叫连接。业务的提供模式是 NGN 的又一个重要领域，文章介绍了传统网络的业务实现方式，对比分析了传统的业务提供模式，得出传统业务提供方式的不足，并结合下一代网络对新业务实现的基本要求，重点分析了 Parlay API 技术对下一代网络业务发展的优势。在文章的最后，展望电信网络演进过程中需要解决的技术问题。

本文系统的介绍了下一代网络的内容和内涵，说明传统网络向下一代网络演进的必然和可能。文章研究的重点是软交换基本功能模块组成，各模块如何协同工作实现基本呼叫控制功能，提出了软交换软件系统设计的一般框架，介绍复杂实现呼叫控制，消息驱动机制驱动整个呼叫过程。电信市场从技术导向逐步向业务导向转变，传统的业务提供方式存在固有的缺陷，无法适应下一代网络的发展需要，本文结合当前的 Parlay API 技术提出了下一代网络中基于软交换技术的业务提供方式的一般构架，这种模式能满足下一代网络中最具特征的开放式业务的基本要求。

第 3 章 集群通信系统概述

集群通信系统诞生于上世纪 70 年代末到 80 年代初，允许为数众多的用户通过智能化的频率管理技术自动处理、共同使用相对数量有限的通信信道，其工作方式类似电话交换系统，它通过中央交换站根据需要自动为用户指定信道。在传统的无线对讲机通信中，因所有用户使用一个公共的无线电信道，用户需要随时收听通话状况才知道信道是否被占用；而集群通信系统则进行自动处理，提高了信道的使用效率及通话的保密性。

集群无线通信系统是特殊移动无线电系统或专用移动无线电系统中的一种，它主要为户外作业的移动用户提供生产调度和指挥控制等通信业务。由于系统具有易于使用、建立通话快速及保密性好等优点，在铁路运输、船舶通信、港口导航、航空业务、气象预报、森林、矿区作业、公安、、石油、灾难救助等众多专用指挥调度通信领域得到广泛的应用。同时，许多国家的政府还为集群通信系统运营者开放执照申请，将其作为公共接入移动无线电系统，除运营者本身使用外还可为公众提供服务。

自上世纪 80 年代以来，集群移动通信系统在我国的应用和发展已有 30 多年的历史，从模拟通信到数字通信、从专网建设到共网运营、从应用体制标准到自主技术创新、从技术研发到市场应用、从社会需求到应急联动通信，集群移动通信系统在我国得到了广泛的应用和长足的发展。

3.1 集群技术概述

随着 IT 技术的发展，计算机越来越多的进入到人们的生活中，被用到各个方面。同时随着应用的深入，人们对计算机的要求也越来越高。当一台服务器在使用过程中不能满足需求时，传统的方法是使用一台新的服务器来替换原有服务器。新服务器一般比旧服务器有更快的 CPU、更大的内存等资源，从而可以满足用户的需要。这种对服务器的升级方式有几个方面的缺点：在升级后，旧服务器一般不会再参与原有服务。服务的效能完全由新服务器决定。当对服务的需求快速增长并超过新服务器的效能时，就要再次更新系统，使用功能更强大的服务器。现有服务器就会被淘汰从而造成浪费，同时新服务器很快就会成为系统性能的瓶颈。为了获得更高的性能，人们不断研制新的超级计算机。这些计算机内部的处理器数也在不断地增长。目前最多已达 9600 多个，但随处理器数目的增加。计算机的复杂度急剧增加从而加大了研究与制造难度，服务器的价格随性能增加而超线性增长，一般用户难以承受。随着用户对计算机的依赖性也越来越高，而保证持续稳定的运行也变得越来越重要。传统的小型机虽然稳定可靠，但高昂的价格却令普通用户望而却步。用户需要高效、稳定的系统和低廉的产品价格，这样在 PC 上的集群（lCusetr）就应运而生。随着网络技术的进步以及处理器性能的提高，越来越多的人开始用相对廉价的以太网把相对便宜的服务器/工作站连接起来组成集群使用，从而以较少的代价获得较高的性能。集群已成为超级计算机研究开发的一个方向，如在 TOp50Suep 代为 1llput-ers 列表中就有不少集群系统。特别是基于 iLnux 的科学计算集群就有穷人的超级计算机之说。集群的应用范围也在不断的扩大，从科学计算到网络服务、事务处理。

3.1.1 集群技术的内涵与分类

3.1.1.1 集群技术内涵

　　集群是一组相互独立的、通过高速网络互联的计算机，它们构成了一个组，并以单一系统的模式加以管理。一个客户与集群相互作用时，集群像是一个独立的服务器。集群配置是用于提高可用性和可缩放性。
集群技术是一种较新的技术，通过集群技术，可以在付出较低成本的情况下获得在性能、可靠性、灵活性方面的相对较高的收益，其任务调度则是集群系统中的核心技术。

3.1.1.2 集群技术的分类

（1）科学集群

科学集群是并行计算的基础。通常，科学集群涉及为集群开发的并行应用程序，以解决复杂的科学问题。科学集群对外就好像一个超级计算机，这种超级计算机内部由十至上万个独立处理器组成，并且在公共消息传递层上进行通信以运行并行应用程序。

（2）负载均衡集群

负载均衡集群为企业需求提供了更实用的系统。负载均衡集群使负载可以在计算机集群中尽可能平均地分摊处理。负载通常包括应用程序处理负载和网络流量负载。这样的系统非常适合向使用同一组应用程序的大量用户提供服务。每个节点都可以承担一定的处理负载，并且可以实现处理负载在节点之间的动态分配，以实现负载均衡。对于网络流量负载，当网络服务程序接受了高入网流量，以致无法迅速处理，这时，网络流量就会发送给在其它节点上运行的网络服务程序。同时，还可以根据每个节点上不同的可用资源或网络的特殊环境来进行优化。与科学计算集群一样，负载均衡集群也在多节点之间分发计算处理负载。它们之间的最大区别在于缺少跨节点运行的单并行程序。大多数情况下，负载均衡集群中的每个节点都是运行单独软件的独立系统。

但是，不管是在节点之间进行直接通信，还是通过中央负载均衡服务器来控制每个节点的负载，在节点之间都有一种公共关系。通常，使用特定的算法来分发该负载。

（3）高可用性集群

当集群中的一个系统发生故障时，集群软件迅速做出反应，将该系统的任务分配到集群中其它正在工作的系统上执行。考虑到计算机硬件和软件的易错性，高可用性集群的主要目的是为了使集群的整体服务尽可能可用。如果高可用性集群中的主节点发生了故障，那么这段时间内将由次节点代替它。次节点通常是主节点的镜像。当它代替主节点时，它可以完全接管其身份，因此使系统环境对于用户是一致的。

高可用性集群使服务器系统的运行速度和响应速度尽可能快。它们经常利用在多台机器上运行的冗余节点和服务，用来相互跟踪。如果某个节点失败，它的替补者将在几秒钟或更短时间内接管它的职责。因此，对于用户而言，集群永远不会停机。

在实际的使用中，集群的这三种类型相互交融，如高可用性集群也可以在其节点之间均衡用户负载。同样，也可以从要编写应用程序的集群中找到一个并行集群，它可以在节点之间执行负载均衡。从这个意义上讲，这种集群类别的划分是一个相对的概念，不是绝对的。

3.1.2 集群技术的发展历程

中国在 1989 年开始引进模拟集群系统，1990 年投入使用。随着数字通信技术的发展，集群通信系统也开始向第二代的数字技术发展，最主要的特点是采用了 TDMA（时分多址）和 CDMA（码分多址）通信方式。但是，中国的集群通信应用主要还停留在模拟技术水平，数字集群的应用较少。同时，由于各集群使用企业为了满足其各自不同的使用要求，采用了独立建设集群通信网络的方案，所以众多企业的集群网络在网间互联互通性、频率资源使用、整体建设等方面存在诸多问题。此外，国外通信巨头通过控制核心技术并设置专利等知识产权保护壁垒，使得内部接口基本不公开，技术开放性很差，系统和终端设备市场价格居高不下，也制约了中国数字集群的产业化进程和规模应用。针对中国数字集群产业发展的"尴尬"情况，信息产业部牵头制定了中国集群技术的发展规划，并在新的《电信管理条例》中第一次将数字集群纳入基本电信业务范畴，同时组织国内六大电信运营商在国内开展 800 兆数字集群商用实验。从运营商的实验情况来看，有中国卫通在济南、南京及天津开展了中兴基于 CDMA 技术体制的 GoTa 共网商用实验，中国铁通在沈阳、长春、重庆开展了中兴基于 CDMA 技术体制的 GoTa 和华为基于 GSM 技术体制的 GT800 两种技术体制的数字集群共网商用实验。从近几年的商用实验情况来看并不理想，在运营成本、市场需求、运营模式、有关标准的成熟性和适用性、与公众移动通信业务的关系上还没有探索出让国家满意的商用运营模式。简要分析如下：

3.1.2.1 阻碍因素

　　从数字集群商用实验的实践情况来分析，造成我国数字集群共网发展缓慢的原因主要有以下几个方面。在发展数字集群技术上，考虑到国家的通信安全和几千亿元购买国外通信设备的投资成本，国家强调我们需要具有自主知识产权的数字集群通信系统，发挥民族企业的自主创新能力，发展民族的数字集群技术标准，控制核心技术，打破国外数字集群技术垄断。中兴推出的基于 CDMA 技术体制的 GoTa 虽然在国内取得了较快的发展，成功服务于天津港、潍坊城市应急联动、亚欧财长会议、南京十运会、青岛奥帆赛等国内重大项目和体育赛事，取得了 100 多项发明专利，并且已经走出国门，但也应看到同欧美传统数字集群技术体制 TETRA、iDEN 相比，我国数字集群技术体制从组网规模、呼叫延时、技术演进、终端质量和产业链上还存在一定差距。

3.1.2.2 地方监管

　　尽管 2001 年信息产业部无线电管理局下发信部无[2001]518 号《关于800MHz 集群频率使用管理有关事宜的通知》，规定所有模拟集群通信系统在 2005 年 12 月 31 日之前必须停止运行的通知，但时至今日在已经具备共网条件的实验城市，一些传统模拟专网仍在运转，当地无线电管理部门因为自身利益的原因，并没有切实按照 518 号文的《通知》要求履行职责。

3.1.2.3 传统用户

　　一些靠国家财政拨款的强力部门和靠资源垄断经济实力较强的行业在国家数字集群运营政策还不太明朗的情况下存在自己建网的幻想，花钱不心疼，仅考虑部门和行业的利益，不算大帐，盲目自建专网，造成重复投资和资源的浪费，这也是中国数字集群共网建设很难推进的因素之一。

3.1.2.4 市场需求

　　中国企业经济形态还处于成本优先的初级阶段。改革开放 20 多年来，中国国民经济取得了较快的发展，GDP 连续 3 年成两位数增长，很多民族企业快速发展起来，但同欧美发达国家相比，中国企业的经济形态还处于起步阶段，整体经济水平不高。在很多欧美企业已由成本优先过渡到效率优先阶段的时候，中国大部分企业还处于成本优先阶段，在面对成本和效率时，成本因素考虑的比较多。在美国，像建筑、物流等工作流动性比较多的行业对数字集群的应用相当普遍，而在中国却很难推广。

3.1.2.5 运营商顾虑

传统模拟专网用户一般都选择自己建网，像公安部门考虑通信安全、保密的因素需要建公安专网。一些没有经济实力建网的用户，成本因素考虑较多，很难说服用户入网，即使入网 ARPU 值也较低，资源贡献率十分有限。随着蜂窝技术的发展，公网运营商通过分组数据技术已能在 2.5G 网络上提供 POC（PTToverCellular，简称 POC）业务，虽说受接通时间过长、占用资源过大、影响公众用户通信的限制，但能满足对接通时间要求不高的小规模低端用户，这对共网集群运营商还是有不小的冲击力。面对不太理想的市场环境，运营企业顾虑重重。

3.1.2.6 人才匮乏

集群技术在我国发展已有 10 余年，但都是以专网的形式存在，主要是本单位内部使用，缺乏共网提供服务的运营经验。数字集群共网发展需要一种规模效应，国内主导电信运营商对数字集群兴趣不大，而非主导运营商又大量缺乏运营人才，更确切地说是缺乏数字集群运营专才，因此从某种程度上运营人才匮乏也是限制数字集群共网发展的因素。

3.1.2.7 运营模式

中国经济的发展和城市化进程的加快使得社会经济形态越来越追求高效，社会对于高效处理紧急突发事件、信息安全的要求不断提高，加之频率资源的日趋紧张，如何提高频率利用率，实现资源的最佳配置，加强政府应对紧急、突发事件的快速反应和抗风险能力已经成为我们面临的首要任务。在这种情况下，数字集群共网必将成为未来数字集群通信的发展方向，并且中国数字集群共网的运营必须是在体现社会效益的基础上体现经济效益，毕竟在面对非典、地震、恐怖活动等突发事件时，人的生命是第一位的，这种情况下是无法用经济来衡量集群共网的作用和价值的。

3.1.2.8 运营案例

在数字集群共网运营方面，欧美等发达国家已有比较成功的案例，美国 Nextel 是发展共网数字集群比较成功的运营商，但其诞生之时正值美国模拟移动通信标准混乱的时代，Nextel 凭借类似于 GSM 的 iDEN 网络取得了较大成就，但我国却没有那么好的市场环境和机遇；欧洲芬兰政府选择芬兰电信 SONERA 作为运营商合作组建专门的运营公司经营 VIRVE 网，该公司由内务部出资 60%，SONERA 公司出资 40%，运营公司只负责物理网络的运营，而用户的管理及通信的管理均由用户部门在各自的虚拟专网中进行；比利时政府于 1998 年专门成立了 ASTRID 公司，作为全国性数字集群政府共用网的运营商，在 ASTRID 公司中，联邦政府占有 61% 的股份，地方政府占有 39% 的股份，联邦政府每年向 ASTRID 公司拨款作为运营维护费用。

3.1.2.9 当前运营模式

当前业内很多专家普遍认同的数字集群运营模式是"共网专用（服务于国家公共安全），专网共用（服务于企业生产调度）"的共网与专网并行的运营模式，本文认为在共网专用服务于公共安全通信方面不利于国家吸纳外部资金，为此将可能背上很大的投资包袱，同时造成通信资源不能有效利用的局面；在专网共用服务于企业生产指挥调度方面很可能又回到模拟集群发展时代，各自为政、自筹建网，因为中国当前的经济形态还不足以支撑运营一张数字集群共网，像机场、港口等经济实力较强的行业可能选择自己建网。

3.1.2.10 适合模式

中国在数字集群共网的运营模式上不妨借鉴参考芬兰和比利时的成功经验，结合中国国情，建立一支由政府控制的"国家队"来管理，必要时牺牲公众用户的通信需求，保证消防、警察、救援等重要部门的通信安全，形成自己的数字集群共网运营模式。我国未来数字集群的发展服务于公共安全指挥和生产调度，公共安全是重中之重，其次是生产调度，也就是说数字集群共网运营必须以体现社会效益为主，像欧洲芬兰、比利时政府，在以公共安全为主导的共网运营模式上，必须以政府为主导，建立一只以政府为主的国家公共安全运营队伍。

为促进无线移动通信产业的健康发展，政府不妨引导公网运营企业在未来 3G 公众移动通信网上开放基于 SIP 协议的 POC（PTToverCellular 简称为 POC）业务，作为公众移动通信的增值业务，在低端非专业集群用户市场上同集群共网展开竞争，处理好共网集群与公众移动通信网之间的竞争关系，促进无线移动通信产业的健康、良性发展。形成以数字集群共网为主服务于国家公共安全和高端企业生产调度，公网 POC 业务为辅服务于低端非专业用户；专业集群以体现社会效益为主经济效益为辅，公网 POC以体现经济效益为主社会效益为辅，两者相互补充协调发展。

3.1.3 集群技术的发展现状与应用

集群技术在我国发展已有 10 余年，但都是以专网的形式存在，主要是本单位内部使用，缺乏共网提供服务的运营经验。数字集群共网发展需要一种规模效应，国内主导电信运营商对数字集群兴趣不大，而非主导运营商又大量缺乏运营人才，更确切地说是缺乏数字集群运营专才，因此从某种程度上运营人才匮乏也是限制数字集群共网发展的因素。

集群通信系统的网络为星型结构，便于调度中心对各移动台的指令传输。同时，网络覆盖采用大区或中区制。集群通信系统主要由以下几部分组成：调度台即调度系统中的移动台；交换控制中心负责信道的动态分配并监视系统的通话状态；基地台发射和接收无线电信号，并将其传回交换控制中心；移动台即提供用户通话的终端设备（包括车载台或手持机）。

在集群网络系统建设时，一般先建基本系统单区网，然后将多个基本系统相互连接成局域网。基本系统可为单基地台或多基地台，基本结构可分为单交换中心的单基地台网络结构和单交换中心的多基地台网络结构。在控制方面，集群系统分为集中控制方式及分散控制方式。前者的系统中控制信号传输是由一个专用的频道传输，其速度较快，同时，具有集中控制的系统控制器，功能齐全，适用于大、中容量多基地台网络；后者则是在每个频道中既传输控制信号又传语音信号，只有在频道空闲时才传控制信号，节省了一个专用信道，但接续速度慢，不需要集中控制器，因此，其设备简单且成本低，适用于中、小容量的单区网。

集群通信系统通常包括诸如群组呼叫、紧急呼叫、发起或接收与公网之间的呼叫等多种呼叫功能。同时可以为用户提供可靠的通信信道、快速建立通话、优先等级划分、动态重组能力等功能，尤其是在执行紧急任务时，这些功能更显重要。在移动台识别系统中，每个移动台均有1位识别码，控制中心对通话的移动台具有识别能力，以监控系统的通话状况；群组呼叫控制中心可同时呼叫系统内所有用户或者对特定的群组进行群呼通话；紧急呼叫，在紧急情况下即使所有频道都被占用，系统仍可让用户取得信道做紧急呼叫用；限时装置，由于集群系统以调度为主，通话时间不宜过长，为免频道占用过久，可设定最长发射时间进行通话时间的限制；动态重组，系统可按特殊需求在控制中心输入动态重组计划，将不同通话群组人员编于同一通话群内，一旦任务发生时，以无线遥控方式激活重组计划执行任务，任务完毕后可恢复原有编组；忙线排列，当信道全部被占用时，控制中心将发起呼叫用户的置入"等待名单"中，一旦有空闲信道，立即自动通知该用户开始呼叫；优先排序分级，控制中心可将系统中的每个用户划分优先等级，不同等级的用户具有不同的使用权限；自动回叫，当被叫遇忙或不在覆盖范围内时，系统将记录此状况，在被叫通话完毕或重新回到系统时通知被叫回呼；遗失禁用，移动台遗失时，系统可遥控此移动台使其无法使用。

集群通信系统的优点是，它可以带来动态性强、更经济的组网手段，可以将多个部门或机构组合在一套系统之下，同时，仍能保持各部门的独立运行。

3.1.4 集群技术的发展策略

由于集群通信和公众移动通信面对的目标客户不同，数字集群的发展不同于传统公众移动通信的发展，采取"先建网，后市场"的发展模式，毕竟市场才是检验一项产品最为客观的标准。考虑到我国区域和行业经济发展的不平衡，为降低风险避免盲目投资，数字集群共网的发展策略必须打破传统公众移动通信的发展模式，应遵循"先市场，后建网"的市场发展策略，采取分阶段、分行业、分区域的发展思路。

（1）分阶段就是当前数字集群共网的发展要以服务国家公共安全为己任，业务发展初期在全国副省级以上城市建设服务于公安、消防、交警、急救、城管为主体的城市应急联动系统。在条件成熟的情况下，逐步建成覆盖全国主要省会城市、地级城市和县级城市的三级城市应急联动系统。

（2）分行业就是针对经济实力较强、有明确生产调度指挥需求的行业客户，采取专网公用的方式，定制满足特殊需求的虚拟专网解决方案吸引民航、铁路、港口、水利、交通等行业用户入网。

（3）分区域就是依托长三角、珠三角、环渤海经济圈的经济实力，发挥长三角、珠三角、环渤海经济圈的带动和辐射作用，由东向西、由沿海到内陆逐步推进，最终建成覆盖全国的数字集群共网。

从服务潍坊应急联动、青岛奥帆赛、山东监狱、济南城市执法的发展情况来看，山东数字集群共网基本遵循了分阶段、分行业、分区域的"先市场，后建网"发展模式，在服务城市公共安全和企业生产调度方面得到了具体体现，并取得了逐步成效。

3.1.5 集群系统的发展趋势

虽然集群系统的构建目前可以说是模块化的，从硬件角度来看可以分为节点机系统、通讯系统、存储系统等，软件角度则主要有操作系统、集群操作系统（COS）、并行环境、编译环境和用户应用软件等，目前高性能计算机的通讯、存储等硬件系统是伴随摩尔定律快速发展的，跟踪、测试、比较最新硬件设备构成的高性能计算机的可能方案也成了高性能计算机厂商的重要科研活动，而所有这些关键部件研发、系统方案科研以及厂商的自主部件研发的高度概括就是"整合计算"。整合硬件计算资源的同时，伴随着整合软件资源，其中集群操作系统 COS 是软件系统中连接节点机操作系统和用户并行应用的重要"黏合剂"，也是高性能计算机厂商的技术杀手锏。高性能集群系统目前在国内的应用领域主要集中在气象云图分析和石油勘探的领域。这样的应用对于高性能集群系统来说进入门槛比较低，所以目前这些领域都采用了国内厂商构建的集群系统。虽然对比要处理大量并发的小问题的用于商业计算的高可用性集群来说，高性能集群实现起来要简单一些。但实际上，高性能集群的构建中仍有许多技术上的难点，尤其是高性能集群系统往往是针对一个很独特的科学计算的应用，而对这种应用的实现用高性能集群系统来计算，就必须要先建立数学模型，而这样的建模过程需要大量的对于这种应用模式的理解。总结起来，可管理性、集群的监控、并行程序的实现、并行化的效率以及网络实现是构建高性能集群的几个难点。这其中，并行化程序的实现就是指特定应用领域的特定应用程序在集群系统上的实现。虽然有诸多的技术实现上的难点，但集群系统本身的优势仍然给了厂商们克服难点、攻克高性能集群的力量。

首先撇开一些具体的优势不说，从互联网中心服务器的变化来看，可以清晰地观察到集群结构是中心服务器的发展趋势。20世纪90年代以前，中心服务器一般都用大型机（Mainframe），大型机上可以完成一切的应用和服务，用户从终端通过网络完成应用。这种应用模式带来许多的好处：应用集中、比较好部署、系统监控、管理方便等。但大型机的缺点也是非常明显的，主要是设备昂贵，很难实现高可用解决方案；非高可用系统在出现故障时，全部应用都受到影响；操作系统、设备和部件比较专用，用户本身维护困难；可扩展性不强等。这些缺点中的任何一个都是用户难以接受的。随着PC及其操作系统的普及和IntelCPU的性能和稳定性的不断提高，人们逐渐用PC服务器构成的分布式系统（DistributedSystem）去代替大型机。分布式系统解决了大型机上面提到的多个缺点，却丢弃了大型机应用的优点，服务器多且杂，不好监控、管理，不好部署。因此综合大型机和分布式系统优势的服务器必将成为趋势，集群系统就是这样应运而生的服务器。

3.1.6 我国集群的发展方向

我国集群主要是在数字集群方向发展，而且应用较广。我国数字集群通信的发展现状同国外发达地区相比还处于初期阶段，具有自主知识产权的数字集群系统也刚刚开始发展，无论从数字集群通信的市场发展还是民族产业发展角度来看，都存在着很大的发展空间，这种现状对于我国今后数字集群通信系统的发展是挑战也是机遇。

在我国数字集群通信发展的过程中首先应处理好和公众移动通信系统的关系。数字集群通信是面向集团用户提供以指挥调度业务为主的专用移动通信系统，而公众移动通信是面向普通大众用户以提供话音和数据业务为主的公共移动通信系统。二者的定位不同，技术特点也不同。应避免重复过去通过集群系统提供公网业务的弯路。同时，从公众移动通信系统的技术发展水平来看，还不能替代集群系统，公网提供 PTT 业务只能作为一种增值业务，其性能指标远不能满足集团用户对专业指挥调度通信的需求，同时也不能提供集群通信所需要的各种服务质量级别和优先级。这些功能在集群网络中，尤其是在集群共网中是非常重要的。

其次，在数字集群发展的过程中应分为共网和专网两种发展方式。共网集群通过 VPN 的方式，在同一张网络中向不同的集群用户群体提供不同需求和不同优先级的服务。这种应用方式同专网专用的方式相比，具有网络资源和频率资源利用率高的优势，同时由网络运营商运维网络，可以向用户提供更为专业的服务，降低网络运营成本，并有利于各个集团和部门之间的通信，做到协同配合。集群共网是集群通信未来的发展方向。但也应认识到，有些专网是共网集群不能替代的，对一些通话质量和优先级要求很高的部门来说，共网集群可能难以满足要求，或者是需要付出很高的网络成本。因此在促进集群共网发展时，也不能忽视专网的发展。

再次，在集群网络运营方面，应严格管制集群共网许可证的发放，鼓励具有一定实力的运营商发展集群共网，保证网络质量，避免重复投资和建设。应引导运营商对集群网络进行正确的定位，将重点放在专业集群用户上面，避免造成与公众移动通信系统的用户重叠。应开拓新的市场空间。

同时也应鼓励运营商在集群业务的基础之上，面向集群用户发展增值业务，实现社会效益和经济效益。

下面就数字集群与 PoC 的关系及 PoC 发展趋势做简要分析：

PoC 业务利用公众移动蜂窝网络覆盖广的特点，可以使移动用户实现点到多点的群组呼叫，从而在多人之间有效、及时地分享信息。PoC 业务也能够给用户带来基于 IP 的多媒体应用，例如交互游戏等。PoC 业务能够使群组通话的用户"始终在线"，这种"始终在线"的特点使参与通话的成员只要按下 PTT 键即可通话。

虽然 PoC 有很多优点，但是我们也应看到 PoC 存在的不足，最重要的就是呼叫建立时延性能和通话时延性能不高，这主要是由于 PoC 是基于公众移动蜂窝网络的 VoIP 技术实现的。因此 PoC 不能像数字集群通信那样应用在应急联动和紧急呼叫的情况。同时由于 PoC 的可靠性和安全性不高，因此 PoC 也无法应用在对安全性要求很高的部门。PoC 业务更多的是应用在公司、酒店和休闲娱乐场所，丰富人们的沟通联系方式，增添人们的通信乐趣。

未来 PoC 业务的发展应该更多的关注提高业务时延性能、丰富业务类型和提供更多的业务功能上。尽量的缩短 PTT 通话时延，发展 PushtoX（X 可以是文本、语音、图片和影像等多种形）业务，并增加如用户优先级和灾难处理等功能，让 PoC 的业务更加完善。

PoC 可以利用公众蜂窝移动网络资源实现点对多点的功能，使宽带业务更加丰富化，而且移动运营商可以利用已有的网络资源快速部署并提供 PTT 业务。但是通过分析和比较可以看出，PoC 业务无论从资源利用率、用户容量、安全性和可靠性都无法达到数字集群的指标要求。目前 OMA 正在积极制定 PoC 最新的技术规范，希望 PoC 业务提供紧急调度和用户优先级等功能，并提高接续时延性能，而且 3GPP 也在 R6 规范中制定了 PoC 相关的规范。可以看出 PoC 将是未来 3G 中一种非常重要的业务，但是 PoC 毕竟无法取代数字集群，数字集群仍将是实现指挥调度等集群功能的最重要也是最有效的技术方式。

3.2 集群通信概况

3.2.1 集群通信的内涵

集群通信业务是指利用具有信道共用和动态分配等技术特点的集群通信系统组成的集群通信共网，为多个部门、单位等集团用户提供的专用指挥调度等通信业务。

集群通信的最大特点是话音通信采用 PTT（PushToTalk），以一按即通的方式接续，被叫无需摘机即可接听，且接续速度较快，并能支持群组呼叫等功能，它的运作方式以单工、半双工为主，主要采用信道动态分配方式，并且用户具有不同的优先等级和特殊功能，通信时可以一呼百应。

3.2.2 集群通信的业务分类

分模拟集群通信业务和数字集群通信业务两种。

（1）模拟集群通信业务

模拟集群通信业务是指利用模拟集群通信系统向集团用户提供的指挥调度等通信业务。模拟集群通信系统是指在无线接口采用模拟调制方式进行通信的集群通信系统。

模拟集群通信业务经营者必须自己组建模拟集群通信业务网络，无国内通信设施服务业务经营权的经营者不得建设国内传输网络设施，必须租用具有相应经营权运营商的传输设施组建业务网络。

（2）数字集群通信业务

数字集群通信业务是指利用数字集群通信系统向集团用户提供的指挥调度等通信业务。数字集群通信系统是指在无线接口采用数字调制方式进行通信的集群通信系统。数字集群通信业务主要包括调度指挥、数据、电话（含集群网内互通的电话或集群网与公众网间互通的电话）等业务类型。

数字集群通信业务经营者必须提供调度指挥业务，也可以提供数据业务、集群网内互通的电话业务及少量的集群网与公众网间互通的电话业务。

数字集群通信业务经营者必须自己组建数字集群通信业务网络，无国内通信设施服务业务经营权的经营者不得建设国内传输网络设施，必须租用具有相应经营权运营商的传输设施组建业务网络。

3.2.3 集群通信的发展历程

追溯到它的产生，集群的概念确实是从有线电话通信中的"中继"概念而来。1908 年，Molina 发表的"中继"曲线的概念等级，证明了一群用户的若干中继线路的概率可以大大提高中继线的利用率。"集群"这一概念应用于无线电通信系统，把信道视为中继。"集群"的概念，还可从另一角度来认识，即与机电式（纵横制式）交换机类比，把有线的中继视为无线信道，把交换机的标志器视为集群系统的控制器，当中继为全利用度时，就可认为是集群的信道。集群系统控制器能把有限的信道动态地、自动地最佳分配给系统的所有用户，这实际上就是信道全利用度或我们经常使用的术语"信道共用"。

综上所述，所谓集群通信系统，即系统所具有的可用信道可为系统的全体用户共用，具有自动选择信道功能，它是共享资源、分担费用、共用信道设备及服务的多用途、高效能的无线调度通信系统。

传统的专用移动通信在移动通信中占有相当大的份量，最初由几部普通步话机就可以组成一个无线电调度网，这种网在厂、矿等部门仍被大量采用，但网的功能过于简单。其中有单频单工制和双频单工制两种工作方式，前者干扰大、设备简单；后者干扰小，但设备复杂一些。无论是单频单工还是双频单工制式，都只能是按键通话，一方讲话，另一方只能听。为避免通话上的不便，员通用的工作方式是双频双工，通话双方可以同时发信，但频率利用率低。典型的无线调度系统是单局单站制、双频双工工作方式，并且具有选择性呼叫功能的无线调度网，根据业务规模和组织方式，可确定其为单级调度或多级调度。

可见，传统的专用业务移动通信系统指的是应用于某个行业或某个部门内以调度指挥为主要特征的移动通信系统。这种通信方式顺其发展过程来看，从一对一单对对讲开始，到单信道一呼百应且进一步到选呼系统，后来发展成多信道自动拨号系统，它们的主要特点在于信道是"专有"的。也就是说通话过程中用户使用的频率是固定的，这就导致一旦用户选择了某信道，那么它的通话就只能在这一信道上，直至通话结束；如果这一信道已被其它用户占用，则它就不能选择其它空闲信道，从而出现阻塞。由此可见，传统的专用业务通信系统频率利用率低，而导致通信质量降低。

针对上述专用业务移动通信系统中存在的缺点，就产生了高层次的专用业务移动通信形式——集群通信系统。

3.2.3 集群通信的特点

根据集群通信的基本情况，集群通信的上要特点可归纳为以下几点：

• 共用频率：将原分配给各部门的少量专用频率集中管理，供各家一起使用。

• 共川设施：由于频率共用，就有可能将各家分建的控制中心和基地台等设施集中管理。

• 共享覆盖区：可将各家邻接覆盖的网络互连起来，从而形成更大的覆盖区域。

• 共享通信业务：除可进行正常的通信业务外，还可有组织地发布共同关心的一些信息，如气象预报等。

• 改善服务：共同建网，信道利用可调剂余缺，共同建网时总信道数所能支持的总用户数，要比分散建网时分散到各网的信道所能支持的用户总和要人得多，因此也能改善服务质量；集中建网还能加强管理和维护，因而可以提高服务等级，增强系统功能。

• 共同分担费用：共同建网肯定比各白建网费用要低，机房、电源、天线塔和天馈线等都可共用，有线中继线的申请开设和统一处理也较方便，处理、值勤人员也可相应减少。

若再具体一些，集群通信系统的特点还包括：

• 接续时间短，能快速获取信道和脱开信道；

- 具有先进的数字信令系统；
- 采用分散式容错处理，有故障弱化功能；
- 采用灵活的多级分组；
- 传输集群（或称发射集群）方式是集群通信系统的主要手段，采用传输集群方式工作，只有当用户按下按键讲话（PTT）开关时才分配信道，松键则释放信道，因此无线电信道利用率高；
- 高级别优先，高级别优先分配信道工作；
- 具有详细的管理报告；
- 具有自动监视和报警功能；
- 可进行动态重组；
- 可进行紧急呼叫；
- 可进行数据传输，能进行传真和话音保密业务；
- 可与有线交换机互连，等等。

总之，集群通信系统是一种高级移动指挥、调度系统，是一种共享资源、分担费用、向用户提供优良服务的多用途、高效能而又廉价的先进的无线电指挥、调度通信系统。

正由于它是一种指挥、调度系统，在一些社会经济、工农业比较发达的国家，对指挥、调度功能要求较高的企业、事业、工矿、油田、农场、公安、警察以及军队等部门都十分迫切需要这种系统。他们都用单工方式工作，通过按键讲话（PTT）开关进行通话，效率高，只有少数用户配用车载双工工作方式的终端。所以集群通信系统真正充分发挥了它应有的作用。

3.2.4 集群通信的发展现状

3.2.4.1 源自欧洲的 TETRA

TETRA（陆地集群无线电系统）是一种基于数字时分多址（TDMA）技术的无线集群移动通信系统，是欧洲电信标准组织（ETSI）制订的数字集群通信系统标准。它是基于传统大区制调度通信系统的数字化而形成的一个专用移动通信无线电标准。

TETRA 数字集群通信系统可在同一技术平台上提供指挥调度、数据传输和电话服务，它不仅提供多群组的调度功能，而且还可以提供短数据信息服务、分组数据服务以及数字化的全双工移动电话服务。TETRA 数字集群系统还支持功能强大的移动台脱网直通（DMO）方式，可实现鉴权、空中接口加密和端对端加密。TETRA 数字集群系统具有虚拟专网功能，可以使一个物理网络为互不相关的多个组织机构服务，并具有丰富的服务功能、更高的频率利用率、高通信质量、灵活的组网方式，许多新的应用（如车辆定位、图像传输、移动互联网、数据库查询等）都已在 TETRA 中得到实现。

近两年，TETRA 数字集群系统在全球，尤其是欧洲市场得到了较为广泛的应用。截至 2004 年 12 月，全球已签订的 TETRA 合同总数为 615 个，比 2003 年同比增长 90%。这些合同分属全球 70 个国家，其中欧洲地区占全球合同总数的 75%。由于亚太和中东地区的数字集群市场正处于快速发展阶段，因而也为其提供了良好的市场机会。

从目前的数据来看，TETRA 在全球各区域的发展中，签订合同数目同比增长最快的区域为亚太地区，增长率高达 139%；其次是中东，增长率达到 114%；而在西欧地区的增长率也达到 110%。

在合同的数目方面，2004 年签订 TETRA 合同数目最多的国家前三名依次为英国、法国、荷兰——主要还是在欧洲地区。

在中国，几种数字集群通信技术体制中，目前 TETRA 系统的应用相对占多数，主要用于政府、铁路、地铁、航空、机场、水利等部门。

由于 TETRA 具有独特的技术优势，对于强力部门专网专用较有吸引力，目前其全球用户主要分布在公共安全/交通/PAMR/公用事业/政府/军事/石油/工业等领域，其中公共安全和交通部门占有的市场份额超过 65%。在亚太地区，目前基本上应用于公共安全/交通/PAMR/公用事业领域，市场发展潜力很大。

但是，目前 TETRA 网络对外互联部分技术尚未完全公开，不同厂家的 TETRA 产品目前还没有完全实现互联互通,不同网络之间的用户和业务的互通乃至异地漫游还存在一些问题。另外,TETRA 的系统设备采购、建网成本和终端价格较高,这些都在一定程度上制约着 TEREA 的进一步发展。

3.2.4.2 一家独大的 iDEN

iDEN(集成数字增强型网络)是美国摩托罗拉公司研制和生产的一种数字集群移动通信系统,它的前身是 MIRS 系统,最初设计是做集群共网应用,因此除了以指挥调度业务为主外,还兼有双工电话互联、数据和短消息等功能。

在技术方面,iDEN 具有以下一些特点:

首先,在功能方面,iDEN 在传统的调度通信基础上,大量吸收了数字蜂窝通信系统的优点,增强了电话互联功能,其无线电话功能与个人移动通信系统同在一个水平上,同时将数字蜂窝通信系统的增值业务如短信息服务、语音信箱及基于 IWF 上的电路数据应用于 iDEN 系统中;

第二,iDEN 可以较高效率地使用传统的频谱,iDEN 采纳传统的 800MHz 频谱(806MHz～825MHz,851MHz～870MHz),除欧洲外,该段频谱在全球被广泛应用于集群通信,无需调整,iDEN 可以使用不连续频点,方便运营商灵活配置频率资源,通过 TDMA 技术,iDEN 将一个 25kHz 的物理信道划分成 6 个数字通信时隙,频率利用率较高;

第三,iDEN 采纳独特的 MI6QAM 的调制技术,使每一个 25kHz 的物理信道(含 6 个通信时隙)的速率达到 64Kbps,同时使邻道抑制达到 60dB 以上,这一高效的调制技术保证了集群通信数字化进程中数字与模拟系统的共存,iDEN 的话音编码方式采取 4.2Kbps 的 VSELP,可在 6:1 的压缩下保证话音的质量;

第四,蜂窝式的小区结构提高了网络的覆盖能力,iDEN 采纳 7×3 的小区复用方式,将一个基站分为扇形小区,扩大小区的容量,提高大地域的组网能力,同时,还可以采取全向基站的方式,以 12×1 的全向小区复用方式,因地制宜,逐步发展;

第五，可以实现跨系统调度通信。

目前 iDEN 技术体制主要用于数字集群共网系统应用，美洲和亚洲为其主要市场。在美洲，美国、加拿大、阿根廷、巴西、哥伦比亚、墨西哥、秘鲁等国都有 iDEN 系统的部署；在亚洲，日本、韩国、中国、菲律宾、新加坡、以色列等国都可以见到 iDEN 网络。其中，由美国 Nextel 公司（现已与其他移动运营商合并）运营的 iDEN 网络是目前全球最大、发展最完善的 iDEN 网络。

iDEN 网络的服务对象比较广泛，包括政府机构和各种企业用户，如：建筑业、维修服务业、能源业、商品零售和批发、农林采矿业、广播出版业等。

但是，由于 iDEN 系统是由摩托罗拉独家生产制造，接口没有公开，目前网络设备主要由摩托罗拉供应，因此系统设备采购、建网和终端成本比较高。而且，由于研发年代较早，虽技术比较成熟，但对新业务支持能力相对较弱。

3.2.4.3 中国标准之一：GOTA

GOTA（开放式集群架构）是中国中兴通讯提出的基于集群共网应用的集群通信体制，也是世界上首个基于 CDMA 技术的数字集群系统，具有中国自主知识产权，具备快速接续和信道共享等数字集群公共特点。GoTa 作为一种共网技术，主要应用于共网集群市场，其主要特色在于更利于运营商建设共网集群网络、适合大规模覆盖、频谱利用率高、在业务性能和容量方面更能满足共网集群网络和业务应用的需要。

GoTa 采用目前移动通信系统中所采用最新的无线技术和协议标准，并进行了优化和改进，使其能够符合集群系统的技术要求，同时又具有很强的共网运营能力和业务发展能力，满足集群未来发展的需求。

GoTa 可提供的集群业务包括：一对一的私密呼叫和一对多群组呼叫；系统寻呼、群组寻呼、子群组寻呼、专用 PTT 业务等特殊业务；对不同的话务群组进行分类，例如永久型群组和临时型群组，用户可对其群组内成员进行管理。除了集群业务以外，GoTa 还具有所有新的增值业务，如短消息、定位、VPN 等，这些业务和集群业务结合起来，可为集团用户提供综合服务。

GoTa 成功解决了基于 CDMA 技术的集群业务关键技术。为了能够在 CDMA 网络上进行 PTT 通信，并且不影响原有 CDMA 系统已具备的业务功能和性能，GoTa 围绕着无线信道共享和快速链接这两项关键技术提出解决方案，使新增的集群业务不会对传统通信业务和网络资源带来不利影响。与传统集群通信方式相比，GoTa 技术的优势有：技术先进、业务丰富、投资少、见效快、运营成本低。

2004 年 3 月 19 日，中兴通讯 GoTa 产业联盟启动，冠日、青年网络、南方高科等终端厂商开始与中兴通讯合作，共同推动 GOTA 产业的发展。

目前，中兴通讯已经与中国铁通、中国卫通两家基础电信运营商合作开展了 GOTA 数字集群商用试验，此外，还赢得了俄罗斯、挪威、马来西亚、泰国、埃及、阿尔及利亚等十余个国家和地区的数字集群项目，其中挪威和马来西亚的都是商用网络。

尽管从目前来看，iDEN、TETRA 技术相对来说已较成熟，但是这两者价位都太高；GoTa 的性价比好、前向发展轨迹清晰、多业务增值能力强、安全保密性及可信任性好，只是成熟度相对差些，需要时间完善。因此，在一定时期内，TETRA、iDEN、GoTa 等在中国市场上将会有不同的基本市场定位，在竞争中共存，并由市场用户选择而决定其未来发展。

3.2.4.4 华为的 GT800

GT800 是华为提出的另一项中国具自主知识产权的基于时分多址的专业数字集群技术，通过对 TDMA 和 TD-SCDMA 进行创造性地融合和创新，为专业用户提供高性能、大容量的集群业务和功能。技术创新集中体现在集群特性的实现与增强方面，目前已形成数十项集群技术核心专利。

GT800 的技术优势主要体现在以下几点：

一、覆盖广，由于采用 TDMA 的技术体制，GT800 每个信道的发射功率恒定，覆盖距离仅受地形影响，能够在共享信道情况下实现广覆盖，在用户量增多的情况下，小区覆盖不受影响，各集团共享整个 GT800 网络覆盖服务区，真正体现 GT800 集群共网的广覆盖，广调度，充分利用频率资源的特性；

二、一呼万应，GT800 继承了业界成熟的数字集群技术体制，实现了真正的信道共享，组内用户的数量不受限制，用户之间不会互相干扰，真正实现一呼万应；

三、动态信道分配，在话音间隙释放信道，讲话时才分配信道，大大地提高了系统组的容量，即使在容量负荷极限，也能够保证让高优先级用户顺利通话；四、提供了面向 3G 的可持续发展能力，基于 TDMA 制式的第一阶段的 GT800 系统，可以方便地向 TD-SCDMA 第二阶段的 GT800 系统演进，充分体现保护用户投资的设计理念。

前几年，华为、SAGEM、波导、东信、夏新和科健等国内外六大通信设备及终端厂商联合发起"GT800 数字集群产业联盟"，共推 GT800 数字集群通信技术与产品的发展。

3.3 集群通信系统

3.3.1 集群通信系统的内涵

集群通信业务是指利用具有信道共用和动态分配等技术特点的集群通信系统组成的集群通信共网，为多个部门、单位等集团用户提供的专用指挥调度等通信业务。集群通信系统，是一种高级移动调度系统，代表着通信体制之一的专用移动通信网发展方向。集群通信系统是按照动态信道指配的方式实现多用户共享多信道的无线电移动通信系统。该系统一般由终端设备、基站和中心控制站等组成，具有调度、群呼、优先呼、虚拟专用网、漫游等功能。集群移动通信系统是专业移动通信，代表着专用移动通信网的发展方向。集群移动通信系统的可用信道可为系统的全体用户共用，具有自动选择信道功能，它是共享资源、分担费用、共用信道设备及服务的无线调度通信系统。

国际无线电咨询委员会（CCIR）将集群移动通信系统命名TrunkingCommunicationSystem。集群一词是从 Trunking 或 Trunked 翻译得来的。实际上，Trunking 或 Trunked 的木意为中继或干线，为了避免与译为中继的 Repeater 相混淆，我国的移动通信专家把 Trunking 或 Trunked 译成集群。从 Ttrunked 的含义上来说，应该是"系统所具有的全部可用信道都可为系统的全体用户共用"，即系统内的任一用户想要和系统内另一用户通话，只要有空闲信道，就可以在中心控制台的控制下，利用空闲信道进行通话。

数字集群通信系统是在模拟集群通信系统基础之上，对模拟集群通信的各个环节进行数字处理，其中重要的是数字信令、多址方式、话音编码技术、调制技术等。同时在实现数字通信后，需要采用一些新技术来配合，如同步技术、检错纠错技术以及分级技术等。集群通信系统的优点是，它可以带来动态性强、更经济的组网手段，可以将多个部门或机构组合在一套系统之下，同时仍能保持各部门的独立运行。

3.3.2 集群通信系统的分类

3.3.2.1 集群通信系统的分类

集群通信系统中"集群"的定义是自动信道选择，指多个无线信道为众多的用户共用。集群系统就是把这有限的信道自动地、动态地、快速地分配给系统的所有用户，以便最大程度地利用系统信道和频率资源。

集群方式可以理解为把用户排成一队，哪个信道空闲就占用哪个。集群技术将话务分配到所有可用的信道上，使得各个信道均等的使用，最大限度地利用信道，降低入网时间，信道不会出现忙闲不均的现象，有效地降低了信道阻塞，提高频谱利用率。

集群系统有许多不同制式，可分为以下几类：（1）按控制方式分，有集中控制方式和分散控制方式。集中控制方式采用一条专用信道作为信令信道，由系统控制中心统一管理系统话务、处理呼叫请求。分散控制方式则是每一信道都有自己逻辑部件负责信道控制和信令转发，采用随路信令，与话音同时传输，不占用信道。（2）按集群操作方式分，有消息集群和传输集群。消息集群是用户一次占用信道就完成全部通话过程，不管讲话与否都占用信道，完整性好，但频谱利用率不高。传输集群仅在无线传输期间分配信道，讲话停顿时不占用信道，一个完整通话要分几次在不同信道上完成.信道利用率高，但影响讲话连续。现在越来越多地采用两者相结合的准传输集群方式，即当讲话间隔超过一定时间才更换信道，这样兼顾了两者的优点。（3）按信令协议分。一种是国际公开的，英国邮电部规范的MPT－1327制式。采用公共信道和FFSK（快速移频键控）调制的数字信令，速率为12oobti/s。一种是300bit/5150H：以下亚音频调制与话音在同一信道传送的随路信令。另外还有一些各公司自己的高速数字信令。

3.3.2.2 集群通信系统的结构

集群通信系统的墓本结构和组成集群系统以单基站为基本结构，可以通过节点控制，利用电话专线或光缆、微波相互连结构成多基站、多节点的大区域移动网。一个单基站的典型系统基本组成有天线共用器、收发信机、信道控制器、管理中心及用户台几部分。

道控制器完成信道控制、信令交换、信号转发、信息接收传输及信道状态监视、信道分配排队等功能。各个控制器之间用高速数据总线相连接，进行数据交换。对于分布式控制集群系统，每个控制器包括一个逻辑控制单元作为信道控制和信令转发。天线共用器包括天线、馈线、双工器、发射合路器、接收分路器等，使不同信道通过一副天线工作。

管理中心通过接口连接到各个信道控制器上，系统管理人员通过软件实现对系统的实时监视，并可查询设备状态，信道状态等参数，控制用户入网等，实现管理、调度和服务。用户台指车载台、手机和固定分台。

3.3.2.3 集群呼叫原理

集群系统的基本呼叫原理大致相同。每个用户由系统操作人员分配给一个识别码（ID），个用户识别码不同，可以避免非法通话和窃听。平时移动台在共路信令方式的信令信道或随路信令方式的空闲信道上守候，并监测此信道上控制器发出的信令。用户需呼叫时，首先按被叫者机号，再按发射键向基站控制器发出一串上行信令，通知基站并申请信道。信道控制器收到信令后，对所有话音信道的忙闲状态检测并选定一个空闲信道，然后发出下行信令，指定本通话被叫用户和主叫用户转移到指定信道上。所有用户都可收到这一下行信令，但只有识别码相同者才可以响应这一信令。通话双方自动转移到指定信道上，此时主叫被叫已经连通，持机人可进行通话。用户间采用异频单工或双工方式通信。

基站与PABX（专用自动小交换机）和PSTN（公共交换电话网）相联结，因此，无线用户和有线用户可以接续通话。

3.3.2.4 集群通信系统的功能特点

集群系统具有智能、高效地网路管理、维护功能。

从使用功能看，不仅可以完成通话，还可以实现非话业务如数据通信。呼叫有群呼、单呼、系统全呼、会议呼叫、数据呼叫等。

从接续方面看，除有接通音、失败提示、超越本区音外，还能自动重发、繁忙排队、设定优先级、紧急呼叫、新近用户优先等。

从管理、维护方面看，可选改运行参数、进行话务统计、通话记录、移动台禁用、计费及限时通话、自我诊断等。

集群系统是由自动拨号系统发展而来。但自动拨号系统没有无线交换单元、没有用户优先级、无法紧急呼叫。一般采用模拟信令、接续慢、容量小。而集群系统有无线交换单元，可以实现高效率信道分配，有用户优先级，能处理紧急呼叫、动态呼叫。采用数字信令，接续快、可靠性高，兼容性好。

3.3.3 集群通信系统的特点

集群通信系统是专用调度通信系统发展的高级阶段。它是先进的通信技术和微处理器技术的紧密结合，实现多用户共享多信道的移动通信系统。

所谓"集群"就是大量用户以最佳服务等级，自动共用一组通信信道，即使在通信业务很繁忙时也是如此。集群通信系统是给用户一个数字地址，用户利用它接通系统，用户接入与通话信道或频率无关，即用户不是利用

"频率"地址来接通系统的。因此，这种系统比普通移动通信系统能得到最佳的频谱利用率，并缩短了接入系统时间。它将各部门所需的基地台及控制中心集中管理，统一控制，从而做到共用频率、共用覆盖区和通信业务。既共享频率资源，又相互分担费用，有效地降低用户建网的费用，节省投资。为不同用户提供各种通信业务，成功地解决了通信的公共性和独立性之间的供需矛盾。

集群通信系统的用户是按实际需要的通话小组来组织的，可以按用户的工作性质或相互关系将其划分为不同的部门或小组，各部门或组彼此独立，互不干扰地完成各自通信业务，也可由用户请求对现有编组情况进行动态重组。通过分组，系统可进行全呼、组呼（大组呼、小组呼）和个别呼叫等。

集群传输的方式有传输集群、准传输集群和消息集群3种。采用传输集群方式，仅当用户按键讲话时才分配信道，松键时立即释放占用信道。对话期间的空余时间，信道可被其它用户占用。此功能仅为电台单工工作方式时使用。当电台为双工工作或电台与市话用户对话时，一般采用消息集群方式，在整个通话过程中信道一直被占用。有的集群系统则采用准传输集群方式。

集群系统具有高级别优先特性。集群系统也会出现占线现象，为了能对极为紧急的业务提供迅速的系统接入，可事先对通话的优先程度进行分类。可供用户选取最适合的系统接通缓急级别。系统总是将第1个可用信道分配给紧急通话，以缩短反应时间，集群系统一般可提供5-8个优先级别。

3.3.4 集群通信系统的原理

3.3.4.1 系统原理

（1）信道控制方式

集群通信具有共用信道的特点。用户在需要通信时，系统给用户分配信道，用户不需要通信时，系统就收回信道以备他人征用。在信道利用率方面，集群系统比常规通信方式明显提高。在集群通信系统中，实现信道的分配要使用较复杂的控制设备，并经控制信令的传输来完成信道的申请和分配。

按照信令控制协议和信令传输通道的不同，集群通信系统分为集中控制方式和分布控制方式 2 种。集中控制方式的系统为专用控制信令信道系统，分布控制方式的系统为随路控制信令系统，也叫亚音频控制信令系统。

对于比较小的集群移动通信系统来说，专用一个信道作控制信令的传输，会造成整体信道利用率降低。这时，把所有的信道同时用作话音和控制信令信道，会显得更合理一些。借助于一个装置给空闲信道加上标志，使用户通过搜索找到下一个未使用的信道，这样的系统称为搜索系统。对于信道数较多的大系统，信令传输占用时间变得很重要，使用专用控制信道更好些。

（2）集中控制方式的集群通信系统

最小的集群通信系统由 1 个中心基站和多个移动台组成。中心站由若干个基站转发器和 1 个系统中央控制器组成。转发器受中央系统控制器控制，完成收、发高频信号的转发。中央控制器完成信道分配控制和系统管理功能。完成高频话音转发功能的传输信道为话音信道，完成控制信号转发的传输信道为控制信道。通过控制信道这个链路，中央控制器接收、处理用户的服务请求；通过由信令指派的话音信道传输，完成收发信号的转发。

移动用户若想建立一次通信，只需按下 PTT 键，这样，将发射一系列信道申请信息。移动台自动发射申请码（包括用户识别码和有关的呼叫状态数据）到控制信道，而后再监视控制信道，等待中央控制器发回响应码字。中央控制器核实该请求，自动选择一个空闲话音信道给用户，并发射相应的数据到控制信道去通知被呼的通话小组成员。只有被呼小组才响应该通知，且离开监视的控制信道进入被指定的话音信道进行通话。

用户台的集群处理单元，协调处理在话音信道上传输的集群信令和话音，既完成不同的功能要求，又不相互干扰。正常情况下，从用户台发出申请到控制器完成信道分配约 1/3so 分配给某通话小组的信道，在规定时间内完全属于此小组，其它组无法进入该信道，因此非该组成员无法监听通话内容，达到了保密的目的。

控制信道发射的数字信息是连续的数据流。数据流含有中央控制器对移动台的控制信息，如为某移动台分配一个话音信道，供移动台与发出请求的移动台进行通信。为提高信令信息传输的可靠性，控制信令信息格式中，选用了复杂的检错和纠错方法，以便有效地检测和纠正误码。

（3）分布控制方式的集群通信系统

从集中控制方式的集群通信系统工作原理中看到，实现系统全部控制功能的过程，也就是移动台与中央控制器，转发器与中央控制器，移动台与转发器之间进行数据消息通信的过程。在分布控制方式的系统中，控制过程与集中控制方式系统的过程是相似的，但硬件结构相对分散了。控制功能分散在各个信道设备之中，即信道转发器之中；数据信令由集中于一个控制信道变成分布于各个信道之中；信令由低速和高速混合信令变成纯低速的信令。数据信令占用 150Hz 以下的亚音频频带，与话音一起不间断地传送。各个转发器在各自信道上独立地完成全部控制和话音信道分配功能。正因如此，这种逻辑控制技术称为分布控制技术。

分布控制方式没有控制信道。这种控制技术使系统省去了较昂贵的中央控制设备。另一方面，系统中某一个转发器如果出现故障，其它的转发器照样可以正常工作。分布控制方式的系统，转发器在交换信息时，对数据信令进行连续性更新，因此，即使某移动台刚刚开启电源，它也不会失去转发器的控制。更新的数据中含有状态信息，使各移动台随时知道哪些转发器处于空闲可用状态，哪些正被占用着。相对于集中控制方式，分布控制式集群通信系统具有组网灵活、中心站设备比较简单和某模块失灵对整个系统影响较小等优点。

总之，集中控制方式更适用于话务负荷较重的大容量移动用户系统，而分布控制方式更适用于移动用户较少的集群系统。

3.3.4.2 系统频率配置

（1）工作频段

日前，许多国外的集群通信系统的适用频段为 VHF 高段、UHF 频段、800MHz 频段及 900MHz 频段。结合我国的实际情况，国家无委在 800MHz 频段，专门划出了一段频率供集群通信系统使用。

（2）系统频率配置

频率范围：806^821MHz（用户台发，基站收）；851^865MHz（基站发，用户台收）频率间隔：25kHzo

信道频率：按照国家无委制定的 800MHz 集群系统频率序号和频率表规定。

3.3.4.3 集群通信网与公众通信网的区别

公众通信网以蜂窝网为代表。蜂窝网面向社会用户服务，实现移动用户与国际国内市话用户之间的通信。通信方式为全双工。

集群网也可与电话网联网，实现有线/无线转接，但蜂窝网作为公众移动的无线通信系统，网内的所有用户均处于同等级别，无优先级之分，不能实现调度功能。而集群系统可以将网内的用户分别编为不同的大组，大组中又可分为多个小组，进而，对每个用户还可以根据需要设定优先级。因此集群系统可以实现调度指挥功能，这是集群网与蜂窝网的主要区别。另外，集群通信系统常用大区制组网，单区覆盖范围为 20^30km，而蜂窝通信网是小区覆盖方式，越区切换等功能齐全。集群通信和蜂窝通信各有所长，应根据需要来应用，使其发挥各自的特点。

3.3.5 集群通信系统的发展历程

针对上述专用业务移动通信系统中存在的缺点，高层次的专用业务移动通信形式——集群通信系统应运而生。集群移动通信系统是特殊移动无线电系统或专用移动无线电系统中的一种，它主要为户外作业的移动用户提供生产调度和指挥控制等通信业务。该系统具有易于使用、建立通话快速以及保密性好等优点，在铁路运输、船舶通信、港口导航、航空业务、气象预报、森林作业、矿区作业、公安等众多专用指挥调度通信领域得了广泛的应用。同时，许多国家的政府还为集群移动通信系统运营者开放执照申请，将其作为公共接入移动无线电系统，除运营者本身使用外还可为公众提供服务。集群通信或者说 PPT 方式的呼叫通信系统的发展主要经历了以下几个阶段：

（1）无线对讲系统阶段

20 世纪 50-60 年代，民用专业移动通信主要采用半双工通信的无线电对讲机，通信的双方或多方在约定的频点通话。这种通信方式简单，无需基站设备，但通信距离有限，用户见干扰多，通话中无任何保密性可言，不能实现选择性呼叫。

（2）模拟集群系统阶段

20 世纪 80 年代，随着通信向网络化、系统化方向发展，逐步出现了由单信道一、单一基站构成的通信系统和由多信道、单基站过程的通信系统，在引入多信道共享技术后，1985 年第一代模拟集群通信系统诞生，并于 1987 年进入民用市场。

（3）数字集群系统阶段

20 世纪 90 年代，随着无线系统向数字通信的发展，集群通信系统也开始向数字集群系统发展，最主要特点是采用了 TDMA 方式，其频谱利用率比模拟系统大为提高，并具有更大的容量。数字集群通信技术改变了模拟通信功能单一，效率低下等弊端，它具有全新的技术体制，灵活的通信架构和服务功能，能提供语音、数据等多种通信服务

集群通信作为专用通信的重要手段，在我国广泛应用于政府、石油、等行业。随着对专用通信机动性要求的增加，集群通信也从原有的固定基站通信方式发展为固定/车载基站混合组网通信方式，将来也可能向多种装载平台方向发展。我国集群通信系统从 1988 年开始发展至今，经历了模拟时代和数字时代，目前国内这两种制式都还有相应的运行网络。

在集群通信的模拟时代，我国基本上采用的是国外厂商的技术和设备；发展到数字时代后，我国推出了 Gota 和 GT800 两种集群通信标准，与国际上的 TE-TRA、iDEN、P25 等共同形成了数字集群通信的标准体系。但由于种种原因，目前在我国应用最广泛的还是由 ETSI 制定的 TETRA 标准，

比如北京无线政务网、上海无线政务网等城市的政务网以及公安系统集群网络等均采用 TETRA 标准建设。

3.3.6 常用标准

（1）国际标准

为避免各种不同系统的相互干扰并提高通信质量追求更高的系统容量和频谱利用率，1998 年 3 月，国际电信联盟（ITU）根据世界各国提交的集群通信系统标准共制订了 APCO25、Tetrapol、EDACS、TETRA、DIMRS、IDRA、Geotek 等七个数字集群通信系统的国际标准。

APCO25 是由美国公众安全通信官员协会（APCO）第 25 计划委员会和电信工业协会（TIA）共同制订的标准；Tetrapol 为法国 Tetrapol 论坛和 Tetrapol 用户俱乐部提交的标准；瑞典的爱立信公司提交了 EDACS（EnhancedDigitalAccessCommunicationsSystem，增强型数字接入通信系统）标准；TETRA 原为 TransEuropeanTrunkedRadio（即泛欧集群无线电系统），现已改为 TerrestrialTrunkedRadio（陆地集群无线电系统），是欧洲电信标准组织（ETSI）制定的数字集群通信系统标准；DIMRS（DigitalIntegratedMobileRadioSystem，数字综合移动无线电系统）为加拿大提出的工作频率在 800MHz 的集群通信系统标准；IDRA（InternationalDigitalRadioAssociation，国际数字无线电协会）为日本无线电工商业协会（ARIB）提出的工作频率为 1.5GHz 的集群通信系统标准；Geotek 是以色列的一家研究所 RAEAE 和一家名为 PowerspectrumTechnology 公司共同研制的基于跳频多址（FHMA）新技术的集群通信系统标准，并联合美国的 Geotek 公司共同生产。

这 7 项标准中：APCO25、Tetrapol、EDACS 等三项为采用频分复用（FDMA）技术的标准；TETRA、DIMRS、IDRA 等三项为采用时分复用（TDMA）技术的标准；而 Geotek 为采用跳频多址（FHMA）技术的标准。另外，按应用场合划分，DIMRS、IDRA 和 FHMA 三个标准主要是供公网应用；APCO25、Tetrapol、EDACS 及 TETRA 等则可以同时符合公网和专网的应用。

（2）我国的集群通信系统标准

为推动集群通信系统在我国的建设和应用，2000年12月28日，信息产业部正式批准发布了SJ/T11228--2000《数字集群移动通信系统体制》的电子行业推荐标准。标准主要参照国际标准TETRA（体制A）和Motorola公司提出的美国国家标准iDEN（体制B），确定了两种集群通信体制。体制A面向专用调度和共用集群通信网，体制B主要适用于共用集群通信网。同时标准规定了集群通信系统的工作频段为806MHz～821MHz/851MHz～866MHz，双工频率间隔为45MHz。

3.3.7 我国集群通信系统的发展回顾

为了加强应急通信保障力量，2013年工信部首次在全国范围内规模部署了车载数字集群通信系统。此次部署采用800兆TETRA体制，共涉及3大基础电信运营企业的21个省份，每个省份部署1辆系统车或基站车，各省份既可以独立承担集群保障，也可以组网联合承担较大规模的集群通信保障任务，同时还可以与既有的城市无线政务网互联互通。通过这次部署，能够大大提高应急现场指挥通信保障水平，也为以后部署类似装备积累了宝贵的经验。但是，总体上我国集群通信发展比较缓慢。从国外统计来看，移动通信专网用户和蜂窝通信公网用户之比大约是1：10，而我国专网用户还不及公网用户的一个零头。比如全国规模最大的北京无线政务网也只有约8万用户，从规模和发展上远不及公众移动通信网。这其中有多方面的原因，包括技术标准为非主导标准、用户需求不明确、用户规模较小、产业链不完善等。在数字集群通信时代，虽然我国推出了自主的标准体系，但占据主导地位的还是国外厂商的标准，在一定程度上限制了部分用户的使用。

我国宽带集群通信的发展回顾：

随着技术的不断发展，公众移动通信网正在从3G向4G网络发展，集群通信也面临着向下一代技术，即宽带集群通信技术的演进。当前主流的宽带接入技术主要包括 LTE、WiMAX、McWiLL 等，其中 LTE 是标准化程度最高、产品最丰富、产业链最完整的一项宽带接入技术。当然，建设一张完整的集群网络不仅仅需要考虑技术体制的选择，还包括运维、资金、频率等多方面的因素。下面分别就这几方面的因素进行简单阐述。

（1）技术因素

从当前国内外宽带集群的发展趋势来看，大多数集群厂商和标准化组织都倾向于开发基于 LTE 的集群通信技术。基于 LTE 技术的优势主要有以下几个方面。

能够极大地利用 LTE 产业优势，充分利用公网 LTE 已经开发的标准、技术和产品原型，在此基础之上增加或修改相关集群应用，远比培育一套新的集群产业体系要容易得多。

能够缩短专网与公网的技术差距。从集群产品诞生以来，几乎一直落后公网一个时代，当公网进入数字时代，集群依旧使用模拟技术；当公网进入 3G 时代，主流的集群技术还是 2G 的体制；现在公网进入 4G 时代，是借助 4G 东风快速缩短差距的良好时机。采用与公网相同的技术体制，能够借助公网的部分资源进行网络建设和部署，弥补网络建设初期投资巨大，效果不佳的缺点。

能够极大地降低终端开发的成本和提高开发进度。同时，采用基于 LTE 建设宽带集群网络也同时面临一些重大的技术挑战，主要有以下两个方面。首先是群组语音的实现。众所周知，群组语音业务是集群通信最重要的业务，在窄带集群体系中，标准都是针对集群通信的特点定制的，从标准和设备上都充分考虑了专用通信语音的特点和优先级别的设置，同时借助于高效的电路编码方式，该功能的性能实现非常好。但是 LTE 的情况就截然不同了。LTE 是为公众通信制定的标准，从体系架构和通信协议上都是为公众通信的点对点通信而设计的，LTE 体系架构并未考虑集群通信的需求。经过多家 PPDR 单位的共同努力，3GPP 在 R12 版本中开始增加了群组通信的需求，但这些新增的需求也都是在原有 LTE 架构基础上增加的功能特性，目前相关标准还没有正式发布，能否达到与窄带集群同等的性能效果还需要多方的不懈努力。

（2）运维因素

在管理运维方面，宽带集群与窄带集群并没有区别。首先，从我国现有的几个城市窄带集群网的建设动机来看，基本上是大型活动驱动当地集群网络的建设。北京奥运会、上海世博会、深圳大运会、西安园博会、广州亚运会等等，都是由于重大活动的需要催生了当地无线集群网络的建设。换句话说，对于短期内不举办大型活动的城市，当地政府对于集群通信的需求并不是十分迫切，对于政府部门行使日常职能来说，集群通信属于锦上添花而不是雪中送炭的功能，当前部分政府部门还没有认识到集群通信的重要作用。其次，从后期的网络管理和运行维护来看，作为网络使用者的政府部门自身并没有专业的网络维护人员，因此一般采用政府购买服务或者外包给第三方维护的方式，政府每年需要支付相关的费用，需要财政资金支持。按照集群网络的拥有者和运维者划分，主要有 3 种模式。一是政府拥有，政府运维；二是政府拥有，企业运维；三是企业拥有，企业运维。三种模式各有特点，探索一个适合当地政府的无线政务网运行维护模式也是地方政府面临的重要挑战。

（3）频率因素

一般情况，应按照频率需求从低到高将应急通信任务分为等级一、等级二和等级三的三个等级。其中，等级二包括反恐冲突、大型交通事故、大型施工事故、公共卫生事件、国家领导出行、重要会议以及赛事保障等任务。等级二任务在各国家发生的频率相对较高，危害或风险较大，波及面较广，社会影响较严重。因此，建立应急宽带无线网络至少需要满足完成等级二任务的一般需求。等级二的业务需求主要为大范围跨部门的群组通信、远程数据查询及传输、视频回传、点对点高清视频点播、群组视频分发等多媒体业务。

PPDR 宽带技术论坛在 AWG-14 以等级二任务中的一般事件为例计算出我国完成该任务上行至少需要 10MHz 带宽，下行采用广播方式至少需要 5MHz 带宽，建议采用 20MHzFDD-LTE 系统或 20MHz 上下行配比为 3:1

的 TDD-LTE 系统满足任务需求。

当前我国数字集群通信网使用频段为 806-821MHz/851-866MHz，其中 816-821MHz/861-866MHz 主要用于省内组网，806-816MHz/851-861MHz 主要用于跨省组网。可见，我国当前集群频段并未预留宽带集群的频率资源，按照上述带宽需求，我国宽带集群频率缺口较大，如果政府主管部门能分配 PPDR 专用频段，则对于我国 PPDR 的发展将有重大的推进作用。

（4）资金因素

对于集群通信有需求的除了政府应急部门以外，还包括公安、消防、卫生、城管、交通等，这些部门或者建立了部门专网，或者借用其他方式进行通信保障，各自为战，没有形成合力，资源也各自分散，难免造成浪费。从全国宽带集群建设来看，由于频率资源的限制，政府各部门各建设一张专网的可能性微乎其微，应该由政府牵头统筹考虑建设宽带集群共网，提供给相关部门使用。其中最关键的是资金的使用，包括建设资金和运维资金，一方面集中有限的资金建设和运维共网，另一方面，通过资金的调配，引导相关部门加入宽带集群共网，从而高效率地建设和使用宽带集群网络。

3.3.8 集群通信系统的发展现状

3.3.8.1 话音业务

集群通信系统是一种多信道共享的高层次的调度系统，集群通信系统中组的概念，相当于常规通信中频道的意思。在常规调度通信中，处于同一频道的用户之间不需拨号即可相互通信，在集群通信系统中同一组的用户之间也能这样通信，只不过在常规系统中频道是固定的，而在集群通信系统中用户只有在呼叫时才分配信道。因此，我们可以把集群通信系统的一个组理解为系统的一个"虚拟"频道。正是这种概念的引入，使得集群通信系统保留并发展了常规调度系统的功能。因此，在一些社会经济、工农业比较发达的国家，对指挥调度功能要求较高的企事业、公安、警察和军队等部门都十分迫切需要这种系统。此外，集群通信系统配有电话互连接口，使用户在必要时可以作为无线电话使用，进一步发展了调度系统的功能。

3.3.8.2 数据业务

集群通信系统的数据业务有文本传输和 RS232 接口传输两种。其中，文本传输方式是利用由移动数据终端和数据移动台组成移动数据单元进行数据传输，它可以传输和接收预置的文本信息和状态信息，与计算机数据库相连，可以很方便地调用数据库的信息。RSZ 犯接口传输的方式是利用移动台的 RSZ 犯接口，配以适当的调制解调器，可在话务信道上进行数据通信，如配置电话模拟卡，使用双工台可实现等同于电话线路的无线传真及电脑联网功能。

3.3.8.3 GpS 定位业务

通过文本传输方式，可以实现自动车辆定位和跟踪功能。移动车辆的现行位置和车头方向由 GPS 接收机提供给移动数据终端，由移动数据终端传给中心调度台；在一台中心调度计算机上可以监视多部车辆的位置和方向，并能查看每辆车的行进轨迹。

3.3.8.4 集群通信系统应用中必须注意的问题

集群通信系统是一种为了解决不同部门、不同级别用户和不同种类用户共享信道而发展起来的调度系统。为了更好地发挥它的作用，在使用时需注意以下问题：

（1）频率资源的统一使用

将原分配给各部门的少量专用频率集中管理，供各家一起使用，因此创建一个 20 信道的费用远低于创建 4 个 5 信道系统的费用，而且，由于频率的共用，就有可能将各家分建的控制中心和基地台等设施集中合建，如机房、电源、天线塔和天馈线等都能共用，另外管理、值勤人员也可相应减少。这样，可为国家节约大量的人力和物力。

（2）技术体制的统一如上所述，

由于集群属于专用系统，迄今为止还没有一个统一的国际标准。各公司的信令大都为公司专用，虽然也有少量的公开信令，如英国的 MPT-1327

和美国的 LTR，但未被一些大公司采用，而且即使采用，各公司的理解也不尽相同，因此不同厂家设备间大都不能完全兼容。各单位在订购时要注意系统的互连互通问题。

（3）不能把集群通信系统当公网使用当前，我国已建立了一些集群通信系统。大部分建网的出发点是用于各单位的指挥调度，但也不能否认还有一些集群通信系统拟作公网使用，大量采用双工手持机与有线互连，作无线电话使用，这种作法实际上是把集群通信的最大特点，即动态信道分配的信道利用率高的优点丢失了。

集群通信系统是一种高级的调度指挥系统，也只有当调度指挥系统使用时，才能最大限度地发挥出它的优势。例如，上海国脉通信公司引进建立的 60 信道的 800MHz 集群通信系统，由于全部用于调度指挥，使系统拥有了 6000 多个用户，为公司带来了良好的经济效益。

3.3.9 集群通信系统的发展方向

早期的专用移动通信主要由点对点无线电对讲机来完成，在上世纪 80 年代初发展成为单频道、单基地台的模拟系统，但只能提供语音通信功能；后来通过不断发展，形成了多频道、单基地台系统，可以利用多频道提供话音及非话音业务，且功能日益增多；在引入多频道共享技术之后的 1985 年发展成为第一代模拟集群通信系统，即多频道共享的单基地台或多基地台通信系统，并于 1987 年投入商用。多频道集群通信系统的控制器由几个信道形成一群，自动搜索可用信道给用户使用，因此，该系统平均每频道可提供的用户数较多且效率也较高。随着数字技术的发展，集群通信系统已经开始向第二代的数字技术发展，其频谱利用率比模拟系统大为提高，且具有更大的容量。为了更进一步提高频率使用率，集群通信系统出现了将多个集群系统结合在一起统一管理，共用频道和信道，共享覆盖区域，通信业务共担费用等朝着公众使用的方向发展。现代的集群通信系统除了具有通话功能之外，还有命令传输、遥测、遥控等功能。

目前市场上较为成功的数字集群通信系统主要有欧洲的 TETRA 和美

国的 APCO25 两个标准，TETRA 的相关厂商在结合无线应用协议、网际网络协议的各个方向表现出积极的态度，相当具有发展潜力；而 APCO25 的空中接口有两大特色，一是具有很强的纠错能力，增强了通信范围，二是持续性的传送识别码及同步加密资料。从新发展的集群通信系统标准如 TETRA 及 APOC25 可以看出，数字集群通信系统发展的一个方向是：在传统移动通信的调度功能之外，还提供了类似公用移动电话系统的双工通话和短信服务（SMS），可在多基地台覆盖范围漫游，甚至具有越区切换等功能；除此之外，高速数据通信能力的强化、与 IP 网络的整合等，也是集群通信系统非常重要的发展方向

第4章 数字集群通信系统的主要种类

1998 年 3 月国际电联（ITU）专门发布了一份题目为"用于调度业务的频谱高效的数字陆上移动通信系统（Spectrum Efficient Land Mobile System for dispatch traffic）"（ITU-R37/8）的文件，这个文件指出：由于陆上移动通信的快速发展和基于数据业务的需要，提出要发展采用数字调制的、可获得更高效的频谱技术的数字集群通信系统。在这个文件中提到了"调度业务"和"高效频谱"是数字集群通信系统的两个关键点，文中也捉到了英文"Trrnking"这个词（我们已将它译为"集群"）。所以，ITU 重新强调了数字集群通信的含义。

关于频谱高效使用，从技术制度上来说 TDMA 高于 FDMA，而 FDMA 又高于 TDMA。但也不全是这样，从使用角度出发，还要考虑技术的实现成熟性以及系统和设备的性能价格比。例如，在 ITU 推荐的 7 种数字集群通信体制中就有 APOC25 和 TETRAPOL 两种是 FDMA 的。

TETRA 系统、iDEN 系统、GoTa 系统、GT800 系统是当前常见的四种数字集群通信系统，下面将具体介绍这几种常见系统。

4.1 TETRA 系统

4.1.1 TETRA 系统发展现状及历程

1.TETRA 系统的发展现状

TETRA 是 Terrestrial Trunked Radio（陆上集群无线电）的缩写。TETRA 系统是由欧洲电信标准协会（European Telecommunications Standard Institute，ETSI）制定的开放性无线数字集群标准，也是我国数字集群电子

行业推荐标准中的体制。TETRA 系统是一个空中接口信令开放的系统，它基于时分多址、频分双工的技术，采用 ACELP 话音编码技术和 π/4-DQPSK 调制技术，支持多载波，每路载波分为 4 个时隙，带宽 25kHz。它的技术指标和性能能够满足广大的处理应急业务、工业和商业部门的专用用户的使用要求。

2.TETRA 系统的发展历程

TETRA 系统采用 TDMA 制度，工作频段原为 400MHz，800MHz 频段的 TETRA 系统于 2001 年也已进入我国市场，2003 年 12 月 350MHz 频段的 TETRA 系统也开始 TETRA 在我国进行组网试验。继 800MHz 频段的 TETRA 系统在 2000 年年底被列入我国数字集群通信的标准后，350MHz 频段的 TETRA 系统标准也于 2004 年 6 月由我国公安部正式颁布。TETRA 系统侧重于指挥调度方式，定义了在不同工作模式下的分组数据、电路数据、语音数据、短信数据等业务。

系统的最初设计师针对欧洲公共安全的需求所开发的数字集群通信专网，所以它的应用特点是面向各个部门自己使用的专用指挥、调度通信网，而且目前欧盟国家建立的 TETRA 系统也主要应用于公共安全和警用系统。TETRA 的应用场合也可以从其确定的频段中看出来，即在 380-400MHz 和 410-430MHz 的两段频率中，有一段是专门用于公共安全的。TETRA 的使用范围扩大到世界各国，为了占领全球市场，ETSI 将其改为 TErrestrial Trunked RAdio，成为"陆上集群无线电"。它和 GMS 一样，从"欧洲特别移动组（Group of Spccial Mobile）"变成了"全球移动系统（Glogal System of Mobile）"，事实上它的所有功能和性能都没有变化。

TETRA 系统在调度功能上是比较完善的，所以它非常适合做专网，尤其是军队、武警、公、检、法等单位。它有一些功能是其他系统所不具备的，如脱网直通和端对端加密等。但必须说明，在欧洲 DGLPHIN 公司的 TETRA 运营网中把脱网直通功能取消了，因为作为运营商来说，用户都脱网直通了，运营商就收不到入网费和通话费了。脱网直通这个功能和对讲机直通工作原理是一样的，现在对讲机工作频段一般为 150MHz 和

450MHz，输出功率为 1W，而通信距离才 5-6km；而 TETRA 系统的脱网直通是在 800MHz 频段，手机输出功率为 0.6W，所以有的 TETRA 系统的脱网直通距离仅为 1-2km。另外，脱网直通必须配置若干个直通频率，这在欧洲已经在 400MHz 频段中落实，而在我国是使用 800MHz 频段，同样也需要配置。因此脱网直通工作是有条件的，作为公网使用的 GSM 和共网使用的 iDEN 系统一般都没有脱网直通功能，其原因和 DOLPHIN 公司的共网不采用脱网直通的原因是一样的。其实，脱网直通这个功能并不难实现。另一点是 TETRA 系统的端对端加密功能也是完全按照 GSM 做的，即鉴权功能加上空中加密（ETSI 制定的标准）。在它的手机上并没有留出可供加密通话的平台和接口，因此要具有真正的加密通话（有自己的密钥和密码）功能，实现起来可能比较困难，但是当数据和计算机连接时，在计算机端口上是可以加上密码和密钥的，所以目前数据倒是能很快能真正地加密。

TETRA 除了专网外，还正在努力向集群通信共网方向发展，如 DOLPHIN 公司曾在欧洲建的就是共网，工作频段仍为 400MHz；我国北京建的 TETRA 系统也是共网。当然，TETRA 系统要从原来定位于做专网改进为做共网，还要进行一些改造和提高。由于 TETRA 系统各生产厂商的内接口都没有统一，因此，当时 DOLPHIN 公司只能一个国家采用一个公司的系统，互联互通和漫游就不容易实现了。不过 ETSI 和 TETRA MoU 都正在改进标准的版本，最近还在欧洲进行几个公司产品的互联互通试验，希望能较快地实现。从当前来看，TETRA 在全世界占有的市场份额并不是最大的，据资料统计，目前全国的 TETRA 总用户量不超过 100 万。TETRA 系统的主要竞争对手恐怕是 iDEN 小网 Harmony、APOC25 和 TETRAPOL 了。它们都将会和 TETRA 系统争夺数字集群通信专网的世界市场。

从中国情况来看，早在 2001 年和 2002 年经信息产业部批准，原 MARCONI（后为 OTE，现改为 SELEX）、MOTOROLA 和原 NIKIA（现为 EADS）等 3 家公司分别在四川、成都、湖北武汉和湖北荆州相继建了试验网，并获准进入我国市场。在这以后，TETRA 在我国的网络建设就逐步开始了。这几年尽管 TETRA 系统在我国的建设不算多，但开始获得使用部门的认可，甚至青睐。目前，我国在公安、安全、铁路、机场、水利、轻轨地铁和电站等行业和部门都先后建了一些大小不等的 TETRA 网络，北京市的 TETRA 政务共网是最大的一个，还有上海市的 TETRA 政务网也已建成。还有一些部门和单位也正在筹建中，估计很快会有一个较大的发展。

TETRA 是针对专用移动通信用户的特殊需求而设计的，可实现鉴权、空中接口加密和端对端加密，支持移动台脱网直通（DMO）方式和单基站集群模式，具有很高的可靠性和安全性。

TETRA 系统的业务非常丰富，不仅支持普通的全双工呼叫业务，还提供种类繁多的集群调度业务，除此之外，它还支持短数据业务和分组数据业务，同时还具有虚拟专网功能。

TETRA 系统有良好的兼容性和开放性，较高的频谱利用率和出色的保密功能，再加上诸如车辆定位、人员信息查询和图像传输等新型应用的添加，TETRA 已在全世界范围内被广泛的用于公共安全、应急保障和调度通信。

4.1.2 TETRA 数字集群标准

TETRA 数字集群标准是由 TETRA 话音数据（V 十 D）、TETRA 分组数据优化 P（DO）和 TETRA 直接模式通信 D（Mo）三部分组成的。所研制的设备可以包含上述一个或多个标准的功能，也可以根据用户的需求对标准进行改进，从而使 TETRA 更加灵活、功能也更强。此外，还有话音编码器、符合性试验、法律交叉问题、TBR 和 SIM 卡等辅助性标准。

1.TETRAV+D

TETRAV 十 D 使用 25kHz 信道的 TDMA 系统，每射频信道分 4 个时隙，能同时支持话音、数据和图像的通信。与单个移动台相结合，可减少阻塞及互调干扰问题，数据传输速率最高可达 28.skb/s。

2.TETRAPDO

TETRAPDO 使用 25kHz 信道的 TDMA 系统,每射频信道分 4 个时隙,主要面向宽带、高速数据传输。TETRAPDO 只能支持数据业务,TETRAV 十 D 则数话兼容。它们的技术规范都基于相同的物理无线平台(调制相同,工作频率也可以相同),但物理层实现方式不太一样,所以不能实现互操作,预计在 150 第 3 层可实现互操作。

3.TETRADMO

当移动台处于网络覆盖范围外,或即使在覆盖范围之内,但没有信号覆盖,可采用 TETRA DMO 方式,实现移动台到移动台的通信。如果终端处于网络覆盖范围之内,通过入网关,就可以在 ISO 第 3 层上提供集群方式与直通方式的相互转换。

4.1.3 TTERA 数字集群通信系统的业务功能及特点

TETRA 数字集群通信系统的业务包括基本电信业务和附加业务。根据接入点的不同,基本电信业务又分为承载业务和电信业务。承载业务提供终端网络接口之间的通信能力(不包括终端功能),具有较低层属性的特征(OSI 的第 1 — 3 层)。电信业务提供两用户之间相互通信的全部能力(包括终端功能),除具有较低层的属性外,也具有较高层的属性(OSI 的第 4 — 7 层)。附加业务是对承载业务或电信业务的改进或补充。

与其它集群系统相比,TETRA 数字集群系统具备以下特点:频潜利用率高、语音质量好、组网灵活、调度业务丰富、可脱网直通、加密方式灵活、高速适用性、标准开放、多制造商供货等。

与其它数字集群系统相比,TETRA 具有以下明显的优势。(1)在恶劣信令条件和嘈杂环境下也能保持高速传输能力。(2)更加快速的呼叫建立能力(0．3 秒以内)。GSM / PCN 系统的呼叫建立时间一般为 10 秒钟,TETRA 无论一对一还是一对多方式,呼叫建立时间都要比此短。排除掉拨号和振铃所占用的时间,TETRA 的呼叫建立就会显得更加迅速。还可以设置呼叫优先级,呼叫优先权共有八级。在没有空闲信道可以利用的情况下,高优先级的呼叫会抢占低优先级呼叫已占用的信道。(3)全双工通信(两个信道）。使用更加方便，可以随时与 PSTN 或 PABX 进行互连。（4）具有较高的可靠性。而且增加了选择加密方法的功能。话音、数据、信令和用户标识等都可以根据用户的需求进行加密。共有四种选择：采用 ETSI 算法对空中接口进行加密，利用激励—应答机制进行鉴别。较高安全性的相互认证以及为重要通信所设计的端到端的加密。（5）可以高效地利用无线电频段、TETRA 可以在带宽为 25M 的信道中实现中继和四路话音传输。由于无线频道非常珍贵，近年来、在英国将可用频段分成了越来越小的片断，直到信道空间为 12．5kHz。TETRA 的系统容量要比现有系统的容量大得多，如果用户转移到 TETRA 系统中，那么目前模拟系统使用的频率就会得以解放出来。（6）可以实现终端间（包括移动通信终端之间）直接的通信。直接模式使得通信终端可以直接与覆盖范围内的其它终端进行通信。无线终端通过点到点的通信链路也可以进行通信，而蜂窝移动电话系统则不能提供这一服务。（7）TETRA 组网灵活。TETRA 组网可以组成共用调度集群通信网 PAMR（简称共网），也可以组成专用集群通信网（PMR）；还可以组成小网、中网、大网，小网由一个交换机和一个基站组成，如 R/S 的 TETRA 单基站系统 DSS-500，而大网的交换机数以百计，基站数以千计，小网可以平滑地过渡到大网；可以用 TETRA 内部虚拟网技术建立各种专用调度网。（8）TETRA 有极强的调度功能，如动态重组、多种优先级配置方案、可以按需选配，既可配置最基本的调度业务，也能配置为适应公共安全多种需求的复杂系统等。TETRA 具有模拟集群的全部呼叫功能（全呼、组呼、选呼、呼叫优先）。用 TETRA 内部虚拟网技术可建立各种专用调度网，TETRA 还具有与各种类型的外部网络（公用电话网、各种数据网等）互联功能。（9）TETRA 在不断升级。TETRA 标准公开，而且不断升级。TETRA 版本 1 标准适合于 PMR/PAMR 领域，是一个成熟的标准。而 ETSI 正在进行 TETRA 版本 2 的研究与起草。新版本使 TETRA 增加数据速率（与 3G 数据速率相比拟）；能有效地接入内部网和因特网，应用于实时视频、数字地图、快速影像传输等，使 TETRA 与 3G 间能互通和漫游；能扩展基站覆盖面积为 120-200 公里。根据调查发现，国外数字集群系统已广泛应用于城市轨道交通、公安消防、急救系统等部门的专用调度通信，并制定了相应的标准和规范，国内的需要厂家也在积极准备开发先进的数字集群系统。因此，基于 TETRA 数字集群系统的许多优势，我们相信 TETRA 系统将来国内更多的轨道交通无线通信等专网通信上有更广阔的应用前景。

4.1.4 TTERA 数字集群通信系统应用范围

从应用角度看，移动通信可分为公用移动通信网（PLMN）、专用移动通信网（PMRS）和无线寻呼系统（RPS）三大类。专用移动通信网是指某部门（如公安、铁路、内河航运、系统等）内部使用的移动通信网，可与公用交换电话网（PSTN）或专用有线交换机（PABX）互联。

由于 TETRA 系统可完成话音、电路数据、短数据信息、分组数据业务的通信及以上业务直接模式（移动台对移动台）的通信，并可支持多种附加业务，所以它在专用移动通信网中占有重要地位，甚至可为部分公用事业提供服务。

采用 TETRA 标准的用户按性质可分为公共安全部门、民用事业部门和军事部门等，具体包括公众无线网络运营商、紧急服务部门、公众服务部门及运输、公用事业、制造和石油等行业。

4.1.5 TETRA 系统风险分析

1.TETRA 系统风险分析介绍

一般认为，在信息系统风险是指系统脆弱性或漏洞，以及以系统为目标的威胁和攻击的总称。系统脆弱性或漏洞是风险产生的原因，威胁和攻击是风险的结果。TETRA 作为一种专用移动通信系统，与一般信息系统相比，其系统风险既有共性，也有自身特点。对 TETRA 系统的风险分析，必须包括对 TETRA 专网和公网的分析，同时也应考虑到 TETRA 系统与专用或公用固定网络连接的影响，另外对系统中的特殊功能组件和进程也要进行分析。只有对 TETRA 系统的风险进行恰当的分析，才能构建一个合理的系统安全体系。

2.TETRA 系统风险分类

对 TETRA 通信系统存在的风险可以分为三类：

（1）与信息内容有关的风险

与用户之间、网络运营商之间、用户与服务提供商之间传输的个人信息相关的风险就属于这类风险。

（2）与用户有关的风险

指的是与用户的日常行为相关的风险，如查找它们何时、何地、在干什么。

（3）与系统有关的风险

指的是与系统完整性相关的风险。

对风险或潜在攻击进行评估应当着重考虑以下几个方面：

①可能将风险变为现实的攻击方式

②可能的攻击突破点，例如：

a.移动台和基地台之间的空中接口

b.到终端的有线接口

c.TETRA 网络内部的传输链路

d.网络管理和维护接口

e.在 TETRA 网络中类似数据库和网络节点的其它组件

③可能实施攻击的人，例如：

a．合法用户

b．系统维护人员

c．外部人员

④攻击者的动机和可能获得的利益，例如：

a．获得对有价值信息的非法授权访问

b．不经授权或付费而获得服务

c．欺骗用户

d．竞争对手实施的对正常服务的阻碍和干扰

⑤攻击的难度（实施攻击所需要的专业知识和资源）

⑥利用公开、有效的系统知识，任何人都可以做到的事项：

a．精通内部知识

b．使用有效的商用设备

c．制造或改造所需设备。

⑦构造可以有助于防止攻击的有效机制

4.1.6 TETRA 数字集群系统安全体系

1.TTERA 系统安全的含义和研究方法

TTERA 系统安全是确保以电磁信号为主要形式的、在 TETRA 通信网络中进行自动通信、处理和利用的信息内容，在各个物理位置、逻辑区域、存贮和传输介质中，处于动态和静态过程中的机密性、完整性、一可用性、可审查性和抗抵赖性的，与人、网络、环境有关的技术安全、机构安全和管理安全的总和。

TETRA 系统安全是一个多维、多层次、多因素、多日标的体系。不能脱离系统安全体系，而孤立地和单纯地去子求直接保护信息内容的方法。

TETRA 系统建设作为一项系统工程，在系统功能的实现过程中，系统相应组成部件可能存在自身固有的脆弱性、缺陷和漏洞、以及可能遭遇的来自系统内部和外部的干扰、入侵、对信息的窃听、截获、注入和修改等威胁和攻击。针对上述问题，TETRA 系统安全性工程应从物理安全、环境安全、通信安全、传输安全、应用安全以及用户安全等方面，针对系统的相应部件恰当地采用各种安全技术机制，构建安全框架，直接或间接地提供必要的安全服务。另外，要注意系统各部件所提供的安全服务的强度级别应高于或等于系统总的安全强度级别。

对 TETRA 系统安全体系的研究者和设计者来讲，其最高目标就是：从研究系统风险的一般规律入手，认识和掌握系统风险状态和分布情况的变化规律，提出安全需求，建立起具有自适应能力的安个模型，从而驾驭

风险，使系统风险被控制在可接受的最小限度内，并渐进于零风险。实际上，零风险永远是一个可期不可达的目标，因此 TETRA 系统安全的成功标志是风险的最小化、收敛性和可控性，而不是零风险。

2.TETRA 系统安全体系结构的形成和目标

研究 TETRA 系统安全体系结构的目的，就是将信息系统安全体系普遍性原理与 TETRA 系统相结合，形成满足 TETRA 系统安全需求的安全体系结构。

安全体系结构的形成主要是根据所要保护的系统资源，对资源攻击者的假设及其攻击的目的、技术手段以及造成的后果来分析系统所受到的已知的、可能的和系统有关的威胁，并且考虑到构成系统各部件的缺陷和隐患共同形成的风险，然后建立起系统的安全需求。

一个恰当的安全需求，应该把注意力集中到系统最高权力机关认为必须注意的那些方面，以最大限度体现系统资源拥有者或管理者的安全管理意志。

安全需求和策略应尽可能地对抗所预见的系统及其变化，在"风险一安全一投资"的平衡关系制约下具有持续能力。平衡关系的维持有两个参考标准，一是把风险降低到可以接受的程度，二是威胁和或攻击系统所花的代价大于所获得的现实的和潜在的价值。从而为系统提供有效的安全服务，保证系统有效地安全运行。

安全体系结构的目标，就是从管理和技术上保证安全策略得以完整准确地实现，安全需求全面准确地得以满足，包括确定必需的安全服务、安全机制和技术管理以及它们在系统上的合理部署和关系配置。

4.2 iDEN 系统

4.2.1 iDEN 集群通信系统概况

近年来，移动通信系统也像其他通信行业一样正在向数字化方向发展，集群通信系统也不例外。数字集群通信与模拟集群通信相比，频谱资源有功用率高、抗干扰能力强、容易实现高保密度的加密和高质量的远距离通信，可适应各种业务要求高的灵活性需要，而且采用数字处理技术使得设备体积小、重量轻、功耗及成本降低而可靠性提高。因此，许多大公司都在竞相开发，有的已投产，但不成熟。目前研制数字集群通信系统的厂商有 10 家，提交国际电信联盟（ITU-R）并被采纳的有 4 家。国际电联正在制定建议，已经采纳的 4 个系统也都需要进一步完善。应该说，目前正是研究和发展数字集群通信的大好时机。

已被国际电信联盟（ITU-R）采纳的数字集群通信系统之一的 iDEN 综合调度增强型网络。iDEN（integrated Digital Enhanced Network）是一个共用频率、作指挥、调度用的专用数字集群通信系统。它采用时分多址（TDMA）技术、当代最新的 VSELP（VectorSum Excited Linear Prediction）矢量和激励的线性预测编码技术和抗干扰能力强的 M-16QAM（Quadrature Amplitude Modulation）正交振幅调制技术，并采用了和 GSM 系统相同的双工通话结构以及特殊的频率复用方式。使系统具有低功率、大容量、广域覆盖的特性。iDEN 数字集群通信系统可以提供指挥调度、双工互联、数据及短消息等服务功能。它的指挥调度通信和分组数据交换功能加上和 GSM 系统相同的无线电话通信使得系统的功能比较完善，也是对个人移动通信的有利补充，数字集群通信与模拟集群相比性能更可靠，覆盖更广阔，业务更多样，特别对传输数据更有利，费用更低廉，保密性更强。

1.iDEN 系统介绍

iDEN 系统是摩托罗拉公司最新推出的集数字话音传输为一体的综合数字集群通信系统，采用 TDMA 技术，使得在 25 kHz 信道上可以同时传送 6 路数字话务，并可动态分配带宽。

（1）系统组成

iDEN 系统的主要设备有运行维护中心（OMC）、移动交换中心（MSC）、来访位
置登记器（VLR）、归属位置登记器（HLR）、短消息业务服务中心（SMS

-SC)、网间互连功能（IWF）、调度应用处理器（DAP）、快速分组交换（MPS）、话音变码器（XCDR）、基站控制器（BSC）、增强型基站收发信系统（EBTS）、移动台（MS）和数字交叉联接系统（DACS）等。

运行维护中心是负责中央网络设备执行系统的日常管理，并且为长期的网络工程系统监控和规划工具提供数据库资料。

移动交换中心是公用电话网（PSTN）与 iDEN 系统之间的一个接口，是处理 iDEN 系统内所有主叫和被叫的移动电话业务的电话交换局。每个 MSC 为位于某一地理覆盖区中的移动用户提供服务，整个网络可能有多个 MSC。

归属位置登记器是一种面向数据库的网络设备，包含系统用户的主数据库。

来访位置登记器也是一种面向数据库处理的网络设备，临时保存那些漫游于给定位置区中的移动用户信息，一般都与 MSC 集成在一起。

短消息业务服务中心为系统提供短消息服务，借此可以从几种信息源向移动台传送长达 140 个字符的信息。这些信息包括话务员输入的字母数字留言、来自 PSTN 的消息以及从相连的语音信箱系统来的语音邮件指示。

网间互连功能负责匹配 iDEN 系统与 PSTN 间的数据速率，用于支持移动台数据和传真业务。调度应用处理器控制调度呼叫分配和路由接续。

快速分组交换处理所有的调度服务功能。在调度服务中，MPS 为受 DAP 控制的基站提供话音和控制信息的高速分组交换，并为群呼提供语音分组的复制和分发。

话音变码器将来自 PSTN 的 64 kbit/s 的 PCM 语音信号变换为射频接口使用的压缩声码器格式信号及其相反过程。

基站控制器是介于 EBTS 和 MSC 之间的控制设备。BSC 通过"A"接口给一个或多个基站以及由它们控制的移动用户提供控制和交换功能，包括过网数据的采集和准备。

增强型基站收发信系统由基站中的无线收发信机组、控制设备和天线组组成，它提供一个覆盖特定地理区域的无线区。由它负责无线链路的格式化、编码、定时、差错控制、成帧和基站无线电收发。每个基站的 EBTS 可以为 3 个扇区服务。EBTS 能支持多路无线频率。

数字交叉联接系统提供填充和修整功能以便进行干线传输的可用组合带宽的管理，取代了独立的多路复用器和人工交叉联接。移动台是移动用户用来获取系统服务的无线设备和人—机接口。

（2）网络中各设备的接口界面

①所有到计费中心和短消息业务中心的接口：RS -232 接口；

②基站到操作维护中心的 X.25 接口：平衡链路接入规程（LAPB）；

③基站到 MSC 的"A"接口：No .7 信令的消息传递部分（MTP）和信令接续控制部分（SCCP）；

④MSC 与 PSTN 的互连规程：采用 MF 带内信令和 No.7 信令；

⑤快速分组交换规程：V.35，链路速率为 512kbit/s 或 2048 kbit/s；

⑥经过交叉连接设备到达 EBTS 位置的多重高速链路：

——支持 T1/E1 接口

——线路编码

T1 接口：B 8 ZS 或 AMI

E1 接口 ：HDB 3

⑦iDEN 系统专用 E1 链路的时隙结构。

2.iDEN 系统发展历程

当代社会，人与人之间的沟通越来越频繁、密切，推动了无线通信系统的飞速发展。在提供越来越多的通信业务的同时，对无线电通信系统的频率资源利用率也提出了更高的要求。

iDEN（综合数字增强性网络，integrated Digital Enhanced Network）意思是综合数字综合型网络，其前身叫做MIRS（MOTOROLA Intagrated Radio System），该系统是由美国 MOTOROLA 公司研制和生产的数字集群移动通信系统，工作在 800HMz 频段，采用 TDMA 制度，它的 VSELP 话音编码和 16QAM 调制技术都比较先进。是全球第一个把数字调度通信、数字蜂窝通信和移动数据等功能综合在一起的移动通信系统。

iDEN 系统的起源设计就是作共网用的，所以它是指挥调度、双工互连、分组数据和短消息于一体的工作方式。这个系统的技术和运营情况都已比较成熟，目前全球的 iDEN 网用户已超过 2800 万，MOTOROLA 公司还于2000 年推出了双频段兼容工作（800MHz 的集群和 900MHz 的 GSM）的 i2000 型手机，当时的价格已降到 400 美元以下，其样式也可与新型蜂窝通信系统的手机媲美，到现在其手机的款式又增加了不少。可传输移动数据的新手机也已推向市场。1999 年我国在福建省建立和运营的一个 iDEN 网至今已五六年了，后来深圳和上海又相继建了两个 iDEN 网，现在都在正常运行。

iDEN 系统的前身是 MIRS 系统，它最初设计是做共网用的，因此 iDEN除了以指挥调度业务为主外，还兼有性能较强的双工电话互连、分组数据和短消息等功能。由于 iDEN 的电话互连不分采用了数字蜂窝通信系统类似的结构，因此有人认为 iDEN 是 GSM 的一种技术，其实它与 GSM 是完全不同的技术。首先，iDEN 是数字集群系统，它以调度业务为主，兼有电话互连等功能，而 GSM 完全没有调度功能；其次，iDEN 采用的编码方式和调制方式与 GSM 完全不同；第三，iDEN 的频谱效率要远大于 GSM，iDEN在 25kHz 信道上可传输 6 个调度话路（现已增到 12 个，即一个 25kHz 的信道有 12 个时隙），而 GSM 在 200kHz 信道内传送 8 路话音；第四，iDEN具有分组交换功能，而 GSM 没有；第五，iDEN 与 GSM 的空中信令接口不同，iDEN 采用的是 MObiS 接口。iDEN 系统的电话互连部分虽采用与数字蜂窝通信系统 GSM 类似的结构，但两者之间也有许多不同，例如：鉴权算法不同，iDEN 采用 CAVE38 算法，GSM 采用 A3 算法；语音编解码不同，iDEN 的编译码器适应 VSELP 编码方式；iDEN 具有重叠寻呼功能，即一个基站可编程到多个位置区，这样就减少了移动用户位置更新的次数，节省了系统资源；对用户越区切换，iDEN 系统首先要检测目标小区的信号质量达到一个可接收的标准值，以确保切换质量，而 GSM 系统无该功能。

iDEN 最早设计是用做共网大系统的，至少是 5 万用户，多到 20 万用户的大网，因此它的交换机价格十分昂贵（据了解，早期一个10万用户的交换机的价格为1000万美元），因此许多用户只能望之兴叹了。因此建一个5-10万用户的iDEN网通常需投资2000万美元或更多，这个费用一般的专用网是不可及的。因此MOTOROLA公司也向小型化发展，推出了一个iDEN的小系统——Harmony。MGTOROLA公司叫Harmony系统为iDEN-EL系统，EL是Enter Level的缩写，即入门级的意思，它有时也叫iDEN Harmony。最初的Harmony系统是按5000用户设计的，它用控制器代替了费用较贵的交换机。因此，一个具有8-10个基站的Harmony系统价格约为200-300万美元。关于Harmony向iDEN扩容的问题，公司明确表示基站设备不需改变，只需更换交换机，而原Harmony的控制器可放置在扩容的用户密集区。由于系统的设备均已模块化，所以如需扩容，增加相应的接口板就可以了，所以它可以平滑过渡。2004年MOTOROLA公司又为Harmony系统的版本升级，4.0版本已经使用，4.0版本的Harmony系统在容量上已经和iDEN系统相当，可以到120个基站，为5万用户服务了，而且功能也增强了。目前，Harmony已经到了6.1版本，7.0版本将在2007年的4季度发布。所以发展的确很快。Harmony在我国的北京某部门、宁波北仑港和天津港等地已分别建立了网络，并都处于良好的运行中。

iDEN具备了基本的调度功能，也具有虚拟专网的功能。因为iDEN系统是以调度为主的，又是根据共网考虑设计的系统，所以它的基本调度功能包括：组团通话，私密通话，通话提示，来电显示。调度的先进功能包括：优先级，紧急呼叫，状态信息，多组扫描，限区服务，孤立站运行，调度台等。它的优先级共15级。iDEN系统也有虚拟专网。虚拟专网（VPN）是iDEN系统在实际使用过程中，由运营商和客户提出的一种增值业务（VAS）。通过虚拟专网这种业务，最终用户可以管理其终端用户的终端设备的配置，包括开户，增加新业务，更改调度私密号、组号、电话号码，重新编组以及随时取得详细通话清单和使用统计等。虚拟专网在实际使用中主要是对终端数量比较多、需要比较频繁更改终端信息和因保密原因或其他原因需要自己控制终端设备的用户。虚拟专网因用户的类型和使用内容也不相同。

IDEN 系统每年都要推出 2 至 3 个新的软件版本，现在即将发展到版本 11.0。随着每个版本的推出，都会有新的功能产生。例如，2000 年推出的版本 8.0 就有跨大组调度呼叫功能，而 2002 年推出的版本 9.8 又增加了调度漫游功能等。另外，MOTOROLA 公司已宣布，它们已经完成在 25kHz 带宽内安排 12 时隙（话音编码也改进为 AMBE）和 64QAM 的信调制等新技术。这样，它的系统容量又将提高一倍，数据传输速率也将大大提高。

iDEN 系统目前在中国建的福建省的网已经运行了 6 年，但情况不太好。主要是这个网络的设备最初是由 NGTGROLA 投资的，那是 MOTGROLA 公司为了打开中国市场，为设备投了将近 2000 万美元。后来该公司将设备低价卖给了（实际相当是送）一位香港商人，该商人又无资金投入进行改造（这个系统的版本太低，为 7.0），所以是每况愈下。但它毕竟是我国第一个共网，曾起过推动我国数字集群通信发展的作用，即使最后垮了，也可以从中总结出许多经验教训来。后来深圳运联通公司，上海国脉公司都相继建立 iDEN 网。现在，深圳和上海的网还在运营中，由于这两个网都更换了新领导，他们正都努力地从原来的困境中摆脱出来，都已相继有了成效。通过这 3 个共网的建设和发展，至少可以说明一个问题，即建共网不容易，将受到许多条件的限制和束缚。

MOTOROLA 公司早在 2003 年 3 月已向我国信息产业部的有关领导部门正式表示，他们决定把开发的 iDEN 数字集群通信技术所采用的包括空中对接口标准和系统内部所有的接口标准在内的全部接口协议文件向我国境内的所有对 iDEN 感兴趣的企业和其他机构开放，并免费提供。因此它当时还真引起了我国有关部门和企业对它发生兴趣，如当时国内有些公司都曾表示要和它签订协议，但后来由于市场和其他一些原因没有成功。

iDEN 系统的价格随同昂贵，但它较受欢迎的是它的手机品种较多，样式较新颖，价格又较低一些，目前包括最新型号的手机在内，已接近有 30 个品种。最早我国 iDEN 网用得较多的 i1000 和 i2000 两种手机，以后不久，MOTOROLA 都宣布停产，已有许多型号来替代它们，因此这也是 iDEN

的一个优势。

总之，iDEN 系统进入中国比 TETRA 系统可能还要早两三年，但从发展来看不如 TETRA 系统快，当然这里有许多主观和客观的原因，有许多问题值得探讨，这里就不去研究和讨论了。但是，iDEN 系统确有许多技术是很好的，如它采用的 VSELP 话音编码、QAM 数字调制等，16QAM 发展，而它还要向 256-QAM 发展。应该说，MOTOROLA 公司在无线技术上有它的许多长处和新技术的储备，相信 iDEN 系统也会不断推出它的新技术和新产品来。

1993 年，MOTOROLA 公司在美国和日本推出 iDEN 系统。1994 年，iDEN 进入南美和亚洲市场。1996 年，国际电信联盟在 ITU-R Report M.1014 报告中正式采纳 iDEN 系统为国际标准，称为 DIMRS。2000 年，IDEN 标准全面开放。

3.关键技术

①时分多址 TDMA 技术

时分多址是把时间分割成周期性的帧，每一帧再分割成若干个时隙，然后根据一定的时隙分配原则，使各个移动台在每帧内只能按指定的时隙向基站发送信号，在满足定时和同步的条件下，基站可以分别在各时隙中接收各移动台的信号而不混扰。同时，基站发向多个移动台的信号都按顺序安排在预定的时隙中传输，各移动台只要在指定的时隙内接收，就能在合路的时隙中把发给它的信号区分出来。

iDEN 系统把每个 25 kHz 信道分割为 6 个时隙，每个时隙占时 15 ms。在每时隙之始设置同步码作时隙同步用，采用频分双工方式 。

②VSELP 话音编码技术

iDEN 数字集群系统使用的语音编码技术是先进的矢量和激励线性预测编码技术（VSELP）。它将 30 ms 的语音作为一个编码子帧，得到 126 比特的语音编码输出，即信源编码速率为 4.2 kbit/s，再加上 3.2 kbit/s 采用多码率格形前向纠错码，形成 7.4kbit/s 的数据流，使信号电平在较高或较低的输出情况下，都可改善音频质量，得到高质量的话音输出信号。在系统覆盖范围的边缘地区 VSELP 改善话音信号的效果更好。

③M-16QAM 调制技术

M-16QAM 调制方式有以下特点：

· 采用线性功率放大器

· 不需要信道均衡器

· 有 60dB 的邻道保护

④差错控制技术

数据在射频信道中传输的误码率要比用电话线传输时高，为了保证数据的准确传输，必需进行差错控制。方法之一是采用前向纠错（FEC）技术，在译码时自动地纠正传输中出现的错误；方法之二是选择自动请求重发（ARQ）技术，在某一帧的数据严重丢失时，用 FEC 不能重新产生数据，而 ARQ 能确认没有收到的数据，并要求重新发送丢失的数据。

iDEN 系统同时采用了这两种方法。对控制或信令信息帧，在有效控制消息之后，首先根据其特点加上 16-29 比特的 CRC 校验码，再采用格形前向纠错码。对语音或数据信息，则直接采用多码率格形前向纠错码。调制技术是数字移动通信系统射频接口的重要组成部分。iDEN 系统采用 M-16QAM 调制技术。它是专门为数字集群系统开发的一种调制技术。这种调制方式具有线性频谱，使 25 kHz 信道能传输 64kbit/s 的信息。该种调制方式还可以克服时间扩散所产生的不利影响。

M-16 QAM 的基本特征是将传送的信息比特首先分为 M（=4）个并联的频分复用子信道，然后再经编码变换成为 16 QAM 的信号，同时插入导引和同步信号符号。每个合成的信息流经过脉冲滤波（PSF），与分路载波一起调制，并在频分复用器中与其他的副载波信号混合，合成的总信号形成 M-16QAM 信号。M-16QAM 的接收方则执行相反的操作，分别解调和检测每个信道的标志号，从总的信号中经过检测挑选和时域分割获得所需的话音或数据信号。

4.iDEN 的数据传输

iDEN 的数据传输有以下 3 种方案。

①短消息：同 GSM 系统一样，在 iDEN 系统内短消息同样可以向用户提供 SMS 功能，并且同样快捷与方便。通过 iDEN 终端，用户可以发送字符或数字消息，用户未开机时消息自动存储，开机后显示，当移动台邮件存储满时。未读信息会在上层网存储，并具备已读信息确认功能。

②电路数据：电路数据通信是独占式无线数据通信，并且需要专用的全双工调制解调器。

③分组数据：iDEN 的数据分组数据网可与各种 IP 网络连接，有 Intranet，Extranet，VPN，Internet 等，所以，各网络的服务提供商可以向 iDEN 网络覆盖内的所有移动主机传输数据。在信道利用率和传输速率上，分组数据的优势非常明显。因此，iDEN 系统主要是分组数据传输。

4.2.2 iDEN 系统的分组数据结构

分组数据网络是在 DAP 子系统上增加了分组数据的几个重要设备，包括移动数据网关（MDG）、广域分组数据网（Wide Area Packet Network）、计费累加器（Bill Accumulator）、移动主机（Mobile Equipment）等。

①移动数据网关（MDG）：是一个企业级的交换路由器，在分组数据传输中承担着连接外部网络和 iDEN 网络的一个接口作用。MDG 通过广域分组数据网络与固定端主机沟通联系，同时通过 EBTS 与"移动节点"沟通联系。

②广域分组数据网（Wide Arca Packet Network）：运营商必须部署一套广域分组数据网络，以支持移动用户与具体用户连接点之间传送分组数据通信所需的连接。所有 MDG 均通过一个接口路由器与广域分组数据网络相接。用户固定端主机一般接至一台尽量靠近主站的"接口路由器"。

③计费累加器（Bill Accumulator）：接收来自 MDG 的详细使用记录，并将这些数据存储在硬盘上，供日后调用。MDG 通过一种 IP 型通信协议，将详细的使用记录传至计费累加器，因此多台 MDG 可以向一台计费累加器传送数据，但条件为无论是计费累加器还是 MDG 都位于同一局域网中。

④移动主机（Mobile Equipment）："分组数据移动台"通过采用标准接

口和通信协议，支持往来于各种第三方供货的"数据终端设备"。移动主机由移动台和数据终端设备组成，可以在其中插入 PCMCIA II 型和 PCMCIA III 型模块。iDEN OEM 设备是一种 PCMCIA III 型模块，含有分组数据电路。此模块与制造商提供的天线对接，从本数据终端设备的电池中获得电源。OEM 模块有能力支持全部 iDEN 数据服务及调度音频。所支持的数据服务内容包括"电路数据"、"短信息服务"和"分组数据"等。

1.iDEN 分组数据的主要技术

信道性能或实际用户通过量，是任何分组数据系统的一个重要指标。由于通过量的增加，更多的应用程序可以不经过修改就可在无线通信方面使用。iDEN 系统具有其他无线技术不可比拟的重大性能优势，因为它采用了 4 项具体技术：

①动态信道分配：它允许在可能的情况下，为分组数据业务指定最大的宽带，同时不会对话音业务产生影响。根据未被话音使用的时隙，分组数据信道的最小规模及整个载波不断进行动态调整。当话音通信较少时，分组数据信道将加大，甚至占用整个载波。它可以有效地变成一条 1：1 的间插分组通信信道，当话音通信加大时，分组数据信道缩小到最小规模。

②64QAM 正交调制：这是一种高级信息编码方案，可以在一条全信道（6 个时隙）上提供 44/kb/s 的瞬间数据总传输速率。

③自适应速率调制：允许系统在 QPSK、16QAM 和 64QAM 调制之间进行切换，以充分提高性能。

④排队邻接保留 ALOHA：这是一种信道调用协议，旨在减少低信道负载条件下的延迟，同时在较高负载情况下提供公平的接入。这一通信协议还在长、短两种传输之间提供公平的接入。因此，短数据传送可以与长数据传输共存。

2.iDEN 分组数据的应用

iDEN 分组数据系统在流动的工作人群与公司网络之间，同时向其他工作集体成员提供有效的信息传送。工作团体可以在 iDEN 系统所覆盖的范围内随时随地调用信息资源。

用户打开自己的移动台、笔记本电脑或专用终端之后，通过一个软件界面，向 iDEN 分组数据系统发出注册信息。这一步骤完成后，用户可以根据需要通过标准的客户应用程序，如 E-mail 向所希望的主机及其他流动工作人员收发信息。除"固定端操作系统"需要激活客户应用程序外，用户不需要采取任何其他连接工作。

对于最终用户来说，"分组数据系统"的设计可谓是物美价廉，因为它将无线数据的最大成本之一——应用程序的修改缩减到最低程度。由于采用了 IP 通信协议，iDEN 分组数据系统提供通向形形色色的最终用户应用程序软件的标准接口。每一个具有分组数据功能的终端用户都被分配一个固定的 IP 地址，使网络应用程序可提供持续的服务。

iDEN 数字集群通信系统功能比较齐全，可满足各种特点的企业调度使用要求，而且可以通过公用电话网使语音和数据业务得以延伸。而 iDEN 数字集群通信系统采用的 VSELP 语音编码技术，M-16QAM 调制解调技术、TDMA 多址方式等技术及其纠错检错能力，使得系统的话音质量、信道容量、频谱利用率等指标都较优，是一个比较先进的系统。但 iDEN 也有其自身不足，系统在一次通话期间，始终占用一条通信信道。作为集群通信系统，信息利用率不高。

4.3 GoTa 系统

GoTa（Global open Trunking architecture，开放式集群架构）系统是由中兴通讯组织在国内外的科研机构于 2002 年发布的新的集群方式。GoTa系统主要基于 CDMA 技术，目前基于 TD-SCDMA 的集群系统方案也研发完成并开始应用。

GoTa 系统它采用目前移动通信系统中最新的无线技术与协议标准，并进行多项优化与改造，以达到现代集群通信和技术要求，同时又具有很强的共网运营与业务发展能力，满足集群通信未来的发展需求。

GoTa 系统同时也是世界上首个基于 CDMA 技术、信道共享与快速接续的数字集群特点的数字集群通信系统。GoTa 系统为了不使新增的集群业务对原有 CDMA 网络上的传统通信业务与网络资源带来影响，以及能在 CDMA 网络上进行 PPT（Pusth To Talk）业务，GoTa 从无线信道共享与快速连接这两项技术上找到了解决办法，这两项关键技术的应用，不影响原有 CDMA 网络上已具备的业务功能和性能。GoTa 为提高这种快速接续速度，还定义了相应的协议族与体系结构，以满足集群通信系统的快速连接。同时，GoTa 系统还具有高信道效率、频谱使用率、高保密性、业务支持多、高扩展性等众多优点。

4.3.1 GoTa 数字集群系统的特点

1.技术先进性

（1）网络覆盖面积广

GoTa 数字集群通信系统是基于 CDMA 技术进行研发的，拥有 CDMA 技术的所有优势。例如在网络信号方面，采用了 CDMA 的分集接收技术提高抗干扰能力，采用扩频技术提高信号接收灵敏度，采用编码纠错功能增强通信信道性能。而且 CDMA 技术的扩频增益高，无线链路预算比 GSM 高 7-8dB，解调门限比 GSM 高 16-17dB，因此，其覆盖范围是 TDMA 方式的 2-3 倍，用户容量提高了 4～5 倍。大面积的覆盖范围可减少通信基站及其配套设施的建设，必将大大降低建设成本与运营维护成本。

（2）容量大，规划简单，且频谱利用率高

GoTa 数字集群通信系统使用的是码分扩频技术，在频谱相同的环境下，其容量是 GSM 系统的 6 倍。而且 GoTa 系统频率复用效率高，同一个区域都可以同一个频带，因此其网络规划就显得简便。目前，频谱资源是十分有限的而且价格十分昂贵，尽量提高频谱利用率可有效节省成本，GoTa 系统的频谱利用率是 AMPS 系统的 10 倍以上，频谱利用率较高。

（3）数据吞吐量高

GoTa 集群通信系统采用 CDMA 2000 技术，数据吞吐量高，可在较高传输速度下完成数据的传输。当前 CDMA 2000 1X 系统全信道传输速度最高可达到 153.6Kbps，而 CDMA 2000 1X Release A 数据传输速度更是可达到 307.2Kbps，GoTa 系统可向 EV-DO Rev 0 和 EV-DO Rev.A 平滑演进，实现 3.1Mbps 的传输速度，因此，GoTa 系统也是当前传统速度最高的集群通信系统。

（4）技术体制开放

GoTa 数字集群通信系统是基于 CDMA 2000 研发的，因此其体系架构与接口标准均遵守 CDMA 的规范与技术标准，分组数据采用的标准是 A10/A11、A8/A9 接口，空中接口的物理机制完全与 CDMA 相同。

（5）功率控制技术完善

GoTa 数字集群通信系统采用多种完善的功率控制技术，其发射功能得到有效的降低，基站发射功能仅有 200 毫瓦，而移动终端设备在进行通话时功能也只有零点几毫瓦，功率的降低能有效延长移动终端设备电池的使用时间，延长设备的通话时间，而且对环境也有着保护作用。

（6）通话质量优异

在通话质量方面已在目前商用的中国电信网络得到验证，其语音通话质量优异，明显优于 GSM 网络的通话，而且在抑制通话背景噪音方面表现优异，能够依靠软切换方式保持通话顺畅，减少掉话率。GoTa 数字集群系统在通话质量方面的优异性主要归功于 CDMA 系统所采用的扩频技术，它具有可变速率声码器有 13K、8K、8K EVRC 三种速率。

（7）信道共享

GoTa 数字集群通信系统对 CDMA 无线信道进行了多项优化，实现了下行业务信道共享。主要包括两个方面：一是空中链路上的信道共享，节省了无线与功率资源，实现了扩容的目的；二是网络链路上的信道共享，实现了群组用户共享信道。GoTa 下行业务信道共享，为语音的快速接入接供了可能。

（8）高保密性

GoTa 数字集群通信系统不仅具有很强的抗干扰能力，而且防信息窃取能力也很强，具有高密性的特点。系统使用具有 4.4 万亿种可能排列方式的 PN 长码作为扰码，如要窃听通话或窃取信息需要找到码址，因此，要破解这种伪随机码的加密机制几乎是不可能实现的。

（9）快速集群呼叫接入

GoTa 数字集群通信系统对集群业务呼叫流程进行了优化，在网络侧改变了传统的电路方式，同时也不用建立专门的 PPP 链路，而是直接通过数据通道快速建立呼叫，实现可快速集群呼叫接入。基站对于呼叫业务的处理也是采用并发处理机制，也节省了用户接入时间。GoTa 数字集群通信系统还特别针对成员较多超大群组，建立了专门的呼叫接入方式，提供接入的并行处理与并行解调的方式。通过这些技术的优化应用，群组内用户首次呼叫建立时间在 1 秒以内，会话过程呼叫建立在 300 毫秒以内。

2.GoTa 集群系统的网络结构

GoTa 数字集群通信系统是基于 CDMA 2000 1X 体制经过多项优化、改良开发而来的，其延续了 CDMA 系统的所有优点，能满足专网集群业务与共网集群业务的发展要求。基站与 GoTa 接口基于 CDMA 的空中接口。核心网采用分组数据网，A 接口遵循 IOS4.X 协议标准，是基于 A10/A11、A8/A9 的标准接口。GoTa 网络结构由终端、基站子系统 BSS、调度子系统 DSS、交换子系统 MSS、数据业务子系统 PDSS、短消息中心、操作维护中心 OMC 组成。

3. 强大的专业集群功能

GoTa 数字集群通信系统主要采用半双式通话方式、PTT 呼叫方式进行集群通信业务，实现点对点或一对多点的指挥调度集群业务。GoTa 数字集群通信系统除了基本的组呼、单呼、紧急呼叫、广播呼叫等功能外，还包括许多高级的集群业务功能，如业务优先级、集群呼叫优先级、话权抢占、迟后加入、预占优先、跨集团呼叫、遥毙与复活等。在调度台与管理台方面，GoTa 数字集群通信系统提供了丰富的调度与管理业务功能，主要包括动态重组、状态查询、临时调度、强插、强拆、缜密监听、呼叫转接、短信收发、定位等业务功能。同时，GoTa 数字集群通信系统还提供许多行业应用类业务，包括语音控制、地图调度、电子巡更等。

4.2G 向 3G 平滑演进

GoTa 数字集群通信系统延续了 CDMA 2000 在 2G 向 3G 演进路线中可平滑无缝过渡的优势，可实现在系统设备不变、架构体系不变、频谱不变的情况下，终端设备可后向兼容，从一定程度上降低了运营商网络从 2G 过渡到 3G 的成本，而且成熟的 3G 网络也必将吸引更多的终端制造商与网络设备制造商的加入。具体的优势表现：

（1）同频共存：基于 CDMA 2000 1x 和基于 3G 的 GoTa 数字集群通信系统可实现同频共存，而 TD-SCDMA 和 WCDMA 的演进则不行。因此，可在不影响全网运营的情况下，逐步完成 2G 向 3G 的升级，而且不需要额外购买频点，有效地降低了运营风险与成本。

（2）协议兼容性：GoTa 数字集群通信系统采用的 CDMA2000 1x 协议与 3G 协议可前后相兼容。

（3）系统满足平滑升级：GoTa 数字集群通信系统可通过更换信道板和升级系统软件来实现向 3G 平滑演进，并且可将传输速度提高到 3.1Mbps。在整体网络结构不变的情况下，GoTa 系统的核心网络与无线网络所使用的设备均可延用。

（4）3G 终端低成本：GoTa 数字集群通信系统使用的 3G 技术体系向下兼容 2G 技术体系下的工作频段与协议，因此，单模单频的 3G 终端设备，其成本得到有效降低。而 TD-SCDMA 和 WCDMA 因本身与 2G 技术体系使用完全不同的工作频段与技术，必须采用双模双频的终端设备来满足对 2G 设备的支持，直接提高了终端设备的制造成本，而成本因素往往是影响用户对业务进行选择的重要因素。

（5）2G/3G 终端共存：从 2G 演进到 3G 后的 GoTa 数字集群通信系统仍然可技持 2G 的 GoTa 终端设备，确保原来集群业务的连续性，对用户投资是一种有利的保障。

5.基站子系统 BSS

基站子系统由基站收发信机 BTS 和基站控制器 BSC 共同构成，这两个实体通常由 Abis 接口进行连接，主要完成集群业务、电话业务、数据业务的接入功能。功能分工方面：基站收发信机 BTS 完成 GoTa 基信息的调解与解调、射频信号的收发等功能，主要由射频、基速数字、时钟频率三个子系统组成；基站控制器 BSC 主要完成功率控制、无线资源的分配等功能，它是整个 BSS 的控制部分，提供与 MSC/PDSN 之前的业务信道与信令接口。为满足微型小区制、小区制、大区制的网络覆盖，BSC 和 BTS 可以根据实际情况组成星型连接或链型连接，实现各种用户在共网运营下的覆盖要求。

GoTa 为实现可选的集群与数据业务，BSS 在技术实上还包括调度客户端 PDC、分组数据控制实体 PCF。

（1）调度客户端 PDC 是集群呼叫接入到 PDS 的语音数据网关，建立到 PDS 的专用信令链路，在 PDS 和 BSC 之间传送呼叫有关的信令。

（2）分组数据控制实体 PCF 主要参与完成对分组数据呼叫控制的整个过程，主要包括分组数据呼叫过程中链路的建立，释放过程通信链路的释放。

基站子系统在设计上采用积木式的结构，利于网络容量的扩充，而且能方便的配置不同功率、不同形式的基站网络，如微蜂窝型、室外型等，以及单扇区、2 扇区、3 扇区和单载频、多载频等等。从而满足各种覆盖面积要求的组网需求。

6.成熟产业链

GoTa 数字集群通信系统一直处于开放状态，中兴公司希望与业界各企业展开合作，共同促进数字集群行业向产业化方向发展。

（1）业务产业链：GoTa 数字集群通信系统向用户提供完备的无线数据业务和多种特色的增值业务。数据业务方面系统主要提供智能网、WAP上网、流媒体播放、短消息、定位等丰富的数据业务；在增值业务方面系统主要提供视频监控、位置业务、企业之星、短信业务等多种增值业务。并且协助运营商可为 100 个多行业提供数字集群解决方案，协助运营商快速开展业务，提高盈利效率。

（2）系统产业化：目前，多家国际知名系统设备制造商已与中兴公司达成 GoTa 集群战略合作关系，共同建立 GoTa 系统设备的产业联盟。

（3）终端系列化及产业化：中兴在国内是具有自主设计、研发与制造手机的少数几家企业之一，在手机终端的研发、设计与制造有着丰富的经验，已形成集研发、设计、制造、销售、售后的一条龙服务体系。其自主研发的具有集群功能的 MG801A 无线模块，就被广泛应用于语音、数据、行业个性化应用等终端设备中，为终端向产业化发展奠定的基础。目前，中兴公司已同青年网络、恒信、冠日等多家终端制造商展开合作，推出了一系列的终端产品，主要包括 GoTa 手机、无数数据传输单元、无线网卡、GPS 设备等。

4.3.2 GoTa 集群系统的网络结构

GoTa 数字集群通信系统是基于 CDMA 2000 1X 体制经过多项优化、改良开发而来的，其延续了 CDMA 系统的所有优点，能满足专网集群业务与共网集群业务的发展要求。基站与 GoTa 接口基于 CDMA 的空中接口。核心网采用分组数据网，A 接口遵循 IOS4.X 协议标准，是基于A10/A11、A8/A9 的标准接口。GoTa 网络结构由终端、基站子系统 BSS、调度子系统 DSS、交换子系统 MSS、数据业务子系统 PDSS、短消息中心、操作维护中心 OMC 组成，其网络结构如图 2.2 所示。

1.交换子系统 MSS

MSS 主要实现 CDMA 2000 网络的电路核心网传统移动域（LMSD）功能。通过短消息中心 SMC、归属位置寄存器仿真 HLRe、媒体网关 MGW、移动交换中心仿真 MSCe、等核心网网元设备完成 2G 基站子系统或3GALL IP 基站子系统的接入。交换子系统采用 IP 交换技术，并且遵循第三代合作伙伴计划 2（3rd Generation Partnership Project2，即 3GPP2）标准。

（1）短消息中心 SMC（Short Message Center）：是 GoTa 数字集群通信系统 MSS 中的一个相对独立的业务实体，和移动交换中心、归属位置寄存器、媒体网关等实体进行配合，完成 GoTa 数字集群通信系统中短信的收发，并存储用户相关的短信数据。

（2）归属位置寄存器仿真（HLRe）：在归属位置寄存器上增加 IP 信令接口，主要完成对用户数据、语音业务、可接入性信息、用户位置信息等数据的管理。

（3）媒体网关（MGW）：为公共交换电话网络和分组环境的电路交换环境提供承载业务支持，提供语音编解码的声码器功能、提供调制解调器 Moden/IWF 功能，提供终结 PPP 连接的功能。传统交换域中的多媒体资源处理器与控制实体移动交换中心一起提供语音回放、多人会议桥接等业务，目前多媒体资源处理器内置于媒体网关中。

（4）移动交换中心仿真（MSCe）：负责语音业务控制与交换功能的实体，是集群业务网络和其它公用网络在语音业务上进行互连互通的接续设备。

2.调度子系统 DSS

调度子系统 DSS 主要完成集群调度业务，DSS 由集群服务器 PDS、归属寄存器 PHR、调度台 DAS 组成。

（1）集群服务器（PDS）：是集群呼叫的总控制点，执行 PPT 呼叫处理，包括鉴别 PPT、建立 PPT、判断 PPT 等，还负责报文分发，接收上行链路的集群语音包，根据呼叫性质再分发到下行链路。PDS 在硬件结构上分为网络处理模块和业务处理模块。

（2）归属寄存器（PHR）：完成 PPT 群组成员的业务鉴权、授权、计费等功能，提供 PPT 群组成员的本地信息，并为集群用户提供群组、用户的业务受理。

（3）调度台（DAS）：GoTa 的调度台是一个基于浏览器/服务器（B/S）架构的，并发布于 PC 服务器上的网站，它面向调度用户端。调度用户可通过自己的帐户与密码登陆至 DAS 服务器，通过调度台与集群服务器、归属寄存器进行交互操作，完成调度管理，同时运营商可通过自己的超级帐号登陆至调度台，对调度台进行维护管理。

3.数据业务子系统 PDSS

数据业务子系统在 GoTa 数字集群通信系统中是一个可选的子系统，主要向 GoTa 用户提供高速的分组数据业务服务，提供数据业务通道。PDSS 由分组数据服务节点 PDSN 和 AAA（Authentication，Accounting，Authorization Server）服务器组成。

（1）分组数据服务节点（PDSN）：负责建立和终止 PPP 协议的连接，为简单 IP 用户终端分配动态地址的工作结点，同时，PDSN 也是 GoTa 集群网络和 IP 网络之间的接入网关，可为移动用户或固定用户提供 IP 接入，移动用户可通过移动 IP 完成对网络的访问。PDSN 同时也是 AAA 服务器获取计费信息的客户端。

（2）AAA 服务器：是采用 RADIUS（RemoteAuthentication Dial In User Service）服务器方式的鉴权、计费、授权服务器，完成对用户信息的鉴定，鉴定完成后根据其权限完成数据服务的授权，并按计费标准实现计费。

4.操作维护中心 OMC

操作维护中心 OMC 为运营商提供签约用户信息的管理、网络维护管理、网络规划服务，以提高 GoTa 数字集群通信系统的工作效率，以及系统与运营商的服务质量，OMC 能集中或单独对基站子系统、交换子系统、调度子系统、数据业务子系统的维护管理，管理内容主要包括安全、性能、故障、计费、配置、维护等方面的管理工作。

5.GoTa 终端

GoTa 终端是一个支持 GoTa 系统集群业务、语音业务、数据业务、增值补充业务、短信业务的移动终端，该移动终端上有一个 PPT 按键。GoTa 系统通过空中接口为移动终端提供完善、可靠的系统服务。

4.4 GT800 系统

集群通信系统是移动通信系统的一个重要分支。它的发展经历了三个阶段：20 世纪五六十年代的无线电对讲机方式，通信的双方或多方在约定的频点使用对讲机完成通话；七八十年代的由单/多频道、单/多基地台构成的模拟通信系统；九十年代的基于 TDMA 方式的数字集群通信系统。

我国集群通信发展不算晚，但是引入的技术和制式不一，技术落后，各集团独立建设，从而形成各自为政的局面，导致频率利用效率低下，建设成本高，维护费用高等弊端。随着集群通信技术由模拟向数字发展，集群网络建设也呈现由独立建设专网向集群共网的建设思路发展，使得运营集群网络成为可能。

GT800 是华为公司自行研发的、基于 TDMA 方式、拥有独立知识产权的数字集群系统，GT800 系统除了具备欧洲集群标准 TETRA 和摩托罗拉的 iDEN 集群系统的集群调度功能外，还提供了集群共网运营的能力，适应今后我国建设集群共网的发展需要。

4.4.1 GT800 系统概述

GT800 数字集群系统基于 TDMA 技术体制，吸取了目前公众移动通信网和数字集群通信技术的优势，并将其有机的融合在一起。综合考虑客户需求急迫性、技术成熟度和开放性以及可持续发展能力，GT800 数字集群系统分为两个阶段发展：

第一阶段：以成熟的 GSM 技术为基础，参考、借鉴国际上现有成熟集群通信系统的业务特性，对现有 GSM 网络的呼叫流程、和网络结构进行优化、扩展，提供快速呼叫、组呼、动态重组、优先级控制、遥开遥毙、环境监听、故障弱化、虚拟专网等业务特性，使 GT800 系统具备专业集群调度通信系统的性能指标和调度能力。

第二阶段：继承第一阶段的业务特性，拟引入 TD-SCDMA 技术，提供高速数据业务和更高的系统容量；同时对网络和终端功能进行增强，提供端到端加密、终端直通等安全、保密方面的业务特性，满足特殊行业用户的需求。

与传统数字集群通信系统相比，GT800 数据传输能力有了较大的提高，分组数据能力在第一阶段可以达到 200kb/s，第二阶段可以达到 2Mb/s；业务功能方面，在已有数字集群通信系统的业务基础上进行了扩展与完善。

GT800 是华为公司基于 GPRS 和 GSM-R 技术基础上自主研发的数字集群通信系统，并且拥有独立的知识产权。GT800 结合数字蜂窝技术，并创造性的对将 TDMA 和 TD-SCDMA 技术进行了优化与创新融合，提供专业用户所需的大容量、高性能、高可靠性的集群业务和功能。GT800 技术创新主要集中在集群性能的提升方面，如数字集群系列核心芯片和关键算法设计，便已拥有几十项集群技术核心专利。GT800 具有较强的安全性，采用国内自主研发的端到端用户加密机制，并且支持多种加密与密钥管理机制，还对集群通信系统与终端主设备之间的控制信令进行了定义，可实现对终端移动设备的远程控制，可为不同级别的用户提供不同的保密机制，以保证其安全性。而且 GT800 在集群增值业务等多个方面也有创新与专利。

GT800 能充分满足专业用户对安全性的要求，而且技术开放，具有成熟的集群产业链支持，满足国内专业用户对低成本的需要。因此，GT800 也成为我国数字集群发展一支重要力量。

4.4.2 GT800 技术介绍

1. 基本设计思路

模拟的集群系统相互干扰强，功能有限；集团单独建设一个集群调度专网系统，成本高，维护费用高，频率利用率低。因此集群系统的发展有两个明显趋势：由模拟向数字发展；由专网向共网发展。

共网的集群通信系统，既要满足一般的集群通信调度的要求，也要满足如公安、消防、交通、防洪抢险等实时要求很高的部门作业要求；共网的集群通信系统既要满足单个集团的集群调度，也要满足城市的应急联动跨部门、跨指挥调度需求。

面向未来发展的共网集群调度系统，除了提供传统的语音群呼等一些基本的集群调度功能外，还提供面向数据业务应用的集群调度功能，并且要保护用户的投资，平滑向新技术过渡，平滑向客户提供新业务。

因此，GT800 系统采用了具有成熟应用的 TDMA 技术，面向共网运营的设计；提供高性能的集群通信调度功能，满足不同部门的需求；提供各部门可以进行专网调度，授权部门可进行应急联动跨部门调度；提供语音和数据业务相结合的集群调度功能，面向未来，平滑向未来移动通信技术过渡的设计方案。

2．网络结构

基于 TDMA 技术的 GT800 系统网络结构大概包括如下几大网络单元：MSC、BSC/PCU、BTS、HLR、GTAdapter、SCP 等。

3.GT800 网络单元

（1）移动交换中心（MSC）

MSC 对呼叫进行控制，是集群调度通讯的控制中心；管理 MS 在本网络内以及与其他网络（如 PSTN/ISDN/PSPDN、其它移动网等）的通信业务，并提供计费信息。

（2）拜访位置寄存器（VLR）

VLR 存储进入控制区域内已登记用户的相关信息，为移动用户提供呼叫接续所需的必要信息，可以看作一个动态数据库。

（3）组呼寄存器（GCR）

GCR 用来存储语音组呼的相关数据，为在控制区域内进行 VGCS（语音组呼业务）、VBS（语音广播业务）等集群调度通信提供必要信息。

（4）归属位置寄存器（HLR）

HLR 是 GT800 系统的中央数据库，存储着该 HLR 控制区内的所有移动用户的相关数据。

（5）Follow Me 功能节点（FN）

FN 存储着功能号码与相关用户号码间的对应关系，并以此为根据完成功能号码寻址过程中功能号码到真实用户号码的翻译。

（6）基站控制器（BSC）

BSC 主要负责无线网络资源的管理、小区配置数据管理、功率控制、定位和切换等，实现强大的业务控制功能。

（7）基站收发信台（BTS）

BTS 是无线接口设备，它由 BSC 控制，主要负责无线接续，完成无线与有线信号的转换、无线分集、无线信道加密、跳频等功能。

（8）移动台（MS）

MS 是移动用户设备部分，支持 VGCS、VBS、FN 等集群通讯调度业务。

（9）GTAdapter

该设备是一台服务器，向各集团用户的远程调度维护操作中心提供集群调度通信服务。GTAdapter 连接 MSC、HLR、SCP，将远端操作终端的服务请求，提交给相关设备，将服务的响应回送给远端操作维护终端。各集团通过该服务器，可以自行进行需要的集群调度功能，因此对集团用户来说，虽然在同一个集群共网下，但感觉好像是自己建设了一个集群调度专网一样。

（10）集团用户远端操作维护中心

各集团用户的操作员通过该终端，接入 GT800 系统的 GTAdapter 服务器，进行集团用户的管理和调度维护的操作，如进行动态重组等。

（11）BAU 计费管理单元

GT800 产生的话单,送到该单元进行暂存,该单元通过 FTP 或 FTAMP 和计费中心连接，进行话单的传送，保证话单信息的完整和不丢失。

（12）PBX 小交换机

企业的小交换机 PBX 可以通过 PRA 信令接入 GT800 的 MSC，提供固定电话的调度员等功能。

（13）SCP 智能设备

该套设备包括 SCP、SMP、Web server 等一套的智能设备，向用户提供智能的 VPN 业务平台。

4.T800 技术创新

（1）共网集群调度

传统的集群通信网络，一般都是一个集团或企业单独建设一个专门的集群网络，这样的集群系统组网能力有限；有些系统即便是实现了网络互联，但是也没提供相应的功能以支撑不同的集团在同一个集群网下，独立进行调度以及相应的操作维护等，因此这些集群系统没有具备共网运营集群通信的要求。

GT800 系统提供先进的集群调度功能，满足多站覆盖、多点互联的网络覆盖需求；各网络实体之间的接口公开，满足集群共网的网络互联的要求。在 GT800 网络下，各集团用户共享整个网络资源，在 GT800 网络覆盖范围内都可以享有系统提供的服务。

同时，GT800 系统通过 GTAdapter 服务器，提供虚拟专用网功能，各集团虽然在同一个 GT800 网络里，但是通过虚拟专用网功能，各集团可以单独进行本集团的集群调度，比如进行本集团的用户管理，对本集团用户进行相应的编组，或启动一个开放信道进行集群通信等，集团与集团间的这些集群调度互不影响。

GT800 系统的 GTAdapter 服务器对授权用户还提供可以进行跨集团的集群调度功能，该功能可以应用在城市应急联动系统，或其他需要跨部门协同工作的场合。

GT800 系统通过其强大的组网和覆盖能力，以及强大的虚拟专用网能力，为集群通信共网运营开创新的局面。

（2）高度安全性

GT800 针对集群应用的特点和需求，提供了一整套完善的安全机制：用于系统和用户相互确认的双向身份鉴权机制、确保无线空间传输的话音或数据信息保密的机密性机制、确保整个体系框架内传输信令不受到破坏的完整性机制、满足组呼需求的群组安全机制、端对端保密机制、特殊情况下脱离基站直通保密机制等。GT800 根据不同行业对安全性的需求，提供不同级别的安全性保障，最大限度保证集群通信的安全，是国内安全性值得信赖的数字集群解决方案。

（3）优化的共享信道技术

共享信道是集群系统必须具备的技术要求。通过共享信道技术，才能在集群调度组呼情况下，节省信道资源。GT800通过信道共享，实现群组业务，极大地提高了网络资源的利用率，又保证了其它集群特性很好地实现，涉及数以千计用户的GT800群组业务，只需通过共享一个业务信道实现，呼叫发起方共享上行信道，接听方共享下行信道。GT800优化的信道共享技术，保证了集群业务的高质量。

（4）快速的呼叫接入技术

集群通信一个重要的特征就是PTT（Push To Talk）一按即通，要求快速建立呼叫；呼叫建立时间是衡量集群通信系统的一个重要指标。GT800根据快速呼叫建立的特定要求，创造性地进行呼叫流程设计、无线接口增强、网络层次优化等，通过多个层面的创新，完全满足专业用户的快速呼叫建立要求。GT800的快速接续特性突出，初始呼叫接续速度小于600s，PTT速度小于200ms。

4.T800技术优势

（1）广覆盖、广调度

GT800覆盖由于采用TDMA的技术体制，每个信道的发射功率恒定，覆盖距离仅受地形影响，能够在共享信道情况下实现广覆盖。在用户量增多的情况下，小区覆盖不受影响。各集团共享整个GT800网络覆盖服务区，真正体现GT800集群共网的广覆盖，广调度，充分利用频率资源的特性。

（2）一呼万应

GT800继承了业界成熟的数字集群技术体制，实现了真正的信道共享，组内用户的数量不受限制，用户之间不会互相干扰，真正实现一呼万应。

（3）动态信道分配

GT800还采用了动态信道分配的方式，在话音间隙释放信道，讲话时才分配信道，大大的提高了系统组的容量。即使在容量负荷极限，也能够保证让高优先级用户顺利通话。

（4）具备专业集群通信能力

GT800基于TDMA技术，集群呼叫接续时间短，呼叫建立时间600ms；在组呼建立后，PPT话权抢占时延小于300ms。同时，由于无须试探接入时间，接续时间不受小区用户数量的影响。

（5）支持高速数据传输

在 GT800 第一阶段，提供 GPRS 和 EDGE 两种数据传输方式，单用户速率分别达到 80kb/s 与 200kb/s（实测数据），在这种传输速率下，200kHz 宽带的单载波支持 2 个用户。在 GT800 第二阶段，如采用基于 TD-SCDMA 技术的数据传输，则速率可达 2Mb/s。

（6）可靠的安全性

GT800 为国内自主研发的产品，国内厂家掌握从系统到终端的核心技术；满足各种情况下的通信安全需求。

5.T800 系统设备演进

（1）核心网设备

GT800 系统的核心网设备主要包括 G/MSC，SGSN/GGSN，HLR，SMC，SCP 等，与 GSM 体制相同。

在 GT800 系统的网络内部，各核心网实体之间的信令符合 GSM 规范的定义，在第一阶段和第二阶段保持不变。GT800 系统的核心网设计中已实现对 UMTS（WCDMA/TDSCDMA）的支持，保证两个阶段的平滑过渡。GT800 系统的网络采用国内标准的信令接口 TUP/ISUP 与其他网络互连，在两个阶段中保持不变。

核心网设备的操作维护系统不变。

（2）接入网设备

接入网设备包括 BSC、BTS 以及分组数据引入 PCU，在第一、二阶段的变化如下：

●BTS：增加 TD-SCDMA 的 NodeB，原 GSM BTS 不变；

●BSC：新增支持 TD-SCDMA 的 BSC（TSM）或 RNC（LCR），在 TSM 情况下也可通过软件升级，增加对 TD-SCDMA 部分的处理；

●操作维护系统软件需要升级，以支持 TD-SCDMA 引入。

（3）GT800 系统的业务演进

GT800 系统第一阶段主要满足一般行业用户需要，提供基本的集群调度业务，主要包括组呼、广播呼叫、优先级控制、动态重组、资源预留、虚拟专网、故障弱化以及 GSM 和 TDSCDMA 的接入网，第一阶段的手机仍可以继续使用，同时第二阶段手机可继续服务于第一阶段已建 GSM 网络。

4.4.3 GT800 演进特点

由于 TD-SCDMA 与 GSM 在标准方面的密切关系，GT800 系统从以 GSM 接入网为基础的第一阶段升级到同时支持 TD-SCDMA 接入网的第二阶段，同其他技术相比，TDSCDMA 的升级在复杂度、成本、功能、产业链支撑方面具有优势。

复杂度：TD-SCDMA 由于在标准方面与 GSM、WCDMA 统一设计，因此可继承 GSM 成熟的网络架构，网络设计易于实现，网络维护与 GSM 统一。终端方面由于标准上已经在各层支持了双模功能，因此在设计方面更易于降低复杂度，从而能够促进终端产业的快速规模发展。

成本：TD-SCDMA 与 GSM 共用核心网络，在业务功能不变的情况下，对 GSM 已建核心网设备无更改需求，从而降低了网络构建成本；终端方面则由于复杂度较低，成本更易于降低。

功能：由于 TD-SCDMA 与 GSM 为真正的双模系统，因此在平滑切换方面具备独到的优势，而其他方式的双模系统只能做到双系统漫游，无法保证用户业务体验的平滑。

产业链：作为 3G 上流制式之一，TD-SCDMA 与 GSM、WCDMA 协同发展已为业界共识，GT800 系统本身基于的 GSM-R 标准/TD-SCDMA 标准亦属于开放标准，伴随业界对 TD-SCDMA 投入的加大，在芯片、终端、系统方面 GT800 将形成扎实的产业链基础，有力促进数字集群市场多供应商竞争局面的形成。

4.4.4 GT800 系统的安全性

数字集群国家安全战略数字集群系统往往应用于政府、公共安全和国民经济各行业的重要部门。这些部门对信息的安全性和可靠性要求很高，只有掌握核心技术才能真正保证国家通信安全。

GT800 数字集群系列核心芯片和关键算法完全由我国自主设计，所有核心技术自有，所需芯片提供不受制约。此外，GT800 的运行不依赖 GPS 同步系统，从而可保证专用移动通信系统的高度安全性。

1.完善的保密机制

GT800 支持空中接口加密和端对端加密，定义了端到端用户加密的接口和流程，支持多种终端加密模块开发以及终端密钥管理机制。根据不同行业的安全性需求，GT800 提供不同级别的安全性保障。

2.高可靠性设计

为了保证网络服务的高可靠性，GT800 提供集群、故障弱化、直通等多种系统工作方式。在通常情况下，系统以集群方式工作；而在极端情况下，由人为因素（如恶意破坏）或自然因素导致网络不能正常工作时，系统则以故障弱化方式工作，满足基本的集群业务；在专业用户离开服务区时，直通方式可在区域范围内解决用户对集群业务的需求。

为保证网络设备的高可靠性，GT800 提供了多种安全备份方案。在网络设计方面，增加网络单元冗余、迂回路由等方式来实现网络的高可靠性；而在硬件方面，则可通过单板主备用、负荷分担、冗余配置等方法，进一步提高系统的可靠性。

GT800 集群系统是一套针对国内数字集群需求而开发的开放标准，在规范制定时成立了产业联盟，形成多厂家参与和共同发展的局面，保证产业链的完整。GT800 在参考现有集群业务的基础上进行了业务扩充，可更好地满足专业用户对指挥调度的需求，同时还可提供基于 GPRS 的数据业务，适合城市应急联动、集群共网运营以及各集群专网如公安、抢险救灾、铁道、市政等应用。

GT800 数字集群技术将以崭新的面貌，凭借优越的特性，良好的产业基础，推动我国数字集群系统的大规模普及和应用，引领数字集群业务的大发展。

第5章 我国数字集群通信系统的前景分析

5.1 国内集群技术、标准的发展现状

5.1.1 国内集群技术的发展现状

1.国内集群技术的发展现状

从数字集群通信的发展现状看，集群产业正处于初期发展阶段，与公众移动通信的发展规模相比，数字集群通信的规模远远落后。同时，国内正在使用的数字集群通信系统完全采用国外的技术和设备，整个产业基本上处于被国外厂商垄断的状态。而且，无论是 TETRA 系统还是 iDEN 系统，其标准的开放性不高，iDEN 系统被摩托罗拉独家垄断，而 TETRA 系统虽然在空中接口可以做到兼容，但各个厂家系统之间不能实现互联互通，严重阻碍了 TETRA 系统的发展。这种状况造成的最直接的问题是终端和系统设备价格较高，或者是系统维护、升级和扩容的成本高，这也是我国数字集群通信发展滞后的重要原因。

我国的集群通信存在着相当规模的市场和发展潜力，促使国内多个电信设备制造商，例如中兴、华为和大唐，都致力于数字集群通信设备的研发，目前已经研制出符合集群通信要求的数字集群系统设备。为了验证国内集群技术的可行性，同时促进其在今后的发展，在信息产业相关部门的领导下，进行了国内数字集群技术的测试，实验工作已经圆满完成；并开展标准制订工作，发布了两个参考性技术文件（YDC），分别是《基于 CDMA 技术的数字集群总体技术要求》和《基于 GSM 技术的数字集群总体技术要求》。

在国内，目前能够提供完整的数字集群设备和终端的系统包括华为公司开发的基于 GSM 的数字集群通信系统（ GT800 系统）和中兴公司开发

的基于 CDMA 的数字集群通信系统（GoTa 系统）。基于 TI 一 SCDMA 的数字集群系统目前也在方案制订当中。

（1）GoTa 技术标准

GoTa（Global open Trunking architechture，全球开放式集群架构）是由国内的中兴公司自主研发，基于 CDMA 1X 技术面向新技术演进的数字集群通信系统，目标是满足共网集群需要，兼顾专网集群应用。

GoTa 系统基于 CDMA 多址方式，它采用 16QAM 和 QPSK 的调制方式，和 QCELP 语音编码技术。频分双工，上下行各 1 .25Mffz 带宽，lad 隔 45Mf fz o GoTa 的空中接口在 CDMA2000 技术基础上进行了优化和改造，核心网采用独立的分组数据域，基于 A8 / A9 和 A10 / Al l 标准接口，可以公开并标准化。

GoTa 具有一定的技术优势，解决了基于 CDMA 技术实现集群业务的关键问题。GoTa 采用的呼叫方式是 PTT 方式的语音呼叫，为了提高呼叫接续速度，GoTa 定义了一套相应的体制结构和协议栈，，以满足集群通信系统的快速连接；为了支持群组呼叫，GoTa 优化了空中接口，从而实现了同小区下同一群组的用户在呼叫时能够共享同一条空中信道。GoTa 在处理通信连接时也采用了共享的方式，这将减少网络处理呼叫的时延，而对用户来说，信道选择和分配过程却是透明的。因此，GoTa 具有快速的接入、高信道效率和频谱使用率、较高的用户私密性、易扩展和支持业务种类多等诸多技术优点。由于 GoTa 是在 CDMA2000 技术基础上发展起来的，因此 GoTa 还可以集成大 T 的业务如呼叫普通用户、短消息、定位以及无线数据业务等。这些业务组合起来为专业集团用户提供综合业务解决能力。

在 GoTa 系统的设计中充分考虑了数字集群通信共网的特点，面向移动运营商开发设计，充分考虑了移动商务用户的要求，可以用一部终端将集群调度业务、普通语音业务、分组数据业务、众多增值业务（短信、定位）等多种通信服务集成于一个网络。GoTa 系统的灵活性高、性价比优越、功能全面等特征可以为运营商开辟出更大的获利空间。

GoTa 系统针对没有 CDMA 网络的运营商，可以作为单独的专业集群通信系统，供专业集群网络运营商和新运营商建网运营，提供专网集群业务和传统移动业务。对传统 CDMA 网络运营商，可以在已建设的中兴 CDMA 系统上通过系统升级的方法加强集群调度业务子系统，以提供集群调度业务。

（2） GT800 技术标准

GT800 系统是由华为公司研制开发的基于 GSM 技术的数字集群系统。GT800 基于 GPRS 和 GSMR 技术开发的系统，其第二阶段将与 TD 一 SCDMA 技术结合。华为公司研发的 GT800 系统面向国内数字集群市场需求，参考现有数字集群系统的业务特性，尤其是在快速呼叫、群组业务、优先级控制、安全保密、故障弱化方面进行了大 F 工作，可提供国内专业移动需求的完整集群调度业务。同时，为满足用户对高速数据业务的需求，GT800 通过 GPRS 技术，实现更改速率的数据传输功能。GT800 的第二阶段通过引入 TD -SCDMA，进一步提供最高速率为 2Mb/s 的数据业务。

GT800 系统可以提供广泛的业务，包括基本通话、短信、集群调度、优先级抢占、快速接续以及基于位 T 的路由等多个方面，同时还提供基于 GPRS 的数据业务，不仅适合集群通信的共网运营，也 适合民航、铁道、水利、市政、交通、建筑、抢险救灾、矿区等专业部门自建专网。

GT800 系统主要有以下技术特点：第一、以公众移动通信产业链为支撑，基础技术较为完善，发展更有保障；而且标准开放，吸引多厂家参与，有利于供货商之间的竞争，打破专利垄断和技术设备制造垄断，从而降低建网和运营的成本；第二、具有良好的接续性能，系统的集群模式快速呼叫建立时间能够满足用户的需求；第三、系统基于华为的强大的智能平台，能提供多种特色业务；第四、安全可靠，支持空中接口加密、端到端的加密等。

2.数字集群通信提供的服务

市场是需求的总和。数字集群通信市场同样也是建立在市场需求基础之上的，而最直接的市场需求就是对应用内容服务的需求。提供应用内容服务就是满足市场需求的基础。近年来，政府、物流、调度指挥机构等特殊用户群体对通信网络的接续时间、可靠性和安全性不断提出更高的要求,普通通信网络已经不能满足其需求。数字集群通信系统提供的是具备很强的针对性和实用性的服务。从外表上看,数字集群通信系统的确形似公众移动通信系统,但仔细观察就可以发现与公众移动通信的根本不同和优势所在:数字集群通信网络是一种多信道多用户共享的现代专业无线通信系统,网络基础设施进行统一规划、建设,集中维护、管理。每个部门或单位只要建立各自的调度台,购置用户移动台入网,即可享受基本调度服务和自由选择虚拟专用网服务。

第一,基本调度服务。基本调度服务就是面向调度台的业务提供强有力的调度功能服务,即调度台的核查呼叫、区域选择、接入优先、优先呼叫、迟后进入、预占优先呼叫、侦听、动态重组、监听来电显示、通话提示和优先级的状态信息服务,紧急呼叫、私密通话和孤立站运行的双工互连服务和多组扫描、组呼通话和区域限制的调度服务等。此外,对于比例极低的突发情况带来的调度需求,可以通过孤立站运行和脱网直通满足需要。

第二,虚拟专用网服务。数字集群通信共网使用起来能不能就像自己建网一样方便、快捷,同时保证通信保密、可靠,是数字集群通信共网用户最关心的问题之一。数字集群通信系统的一个优势是可以建立虚拟的功能性专用网。虚拟专用网是建立在共享系统网络平台上的智能网业务,它代替先需要购买小交换机、建立专线、专用网的方式,只是在逻辑上建立一个专用网,使用公共的智能化网络基础设施,利用快速呼叫建立时间和固有的系统坚固性提高可靠性,兼顾公众移动通信的公共性和专用无线通信的独立性,保证虚拟专用网的可靠性和可延伸性,强化部门的独立性和安全性,虚拟专用,调度自管。虚拟网用户可以通过虚拟专用网,实现管理其终端用户的终端配置。虚拟专用网终端配置包括开户,新增了多项业务,如重新编组,更改调度私密号、组号、电话号码以及获取详细通话清单和虚拟网以及终端用户使用情况统计等。虚拟专用网可以优化网络基础设施,省去组建和管理整个专用网络的巨额投资,用户可以方便地互相拨打短号码来建立相互之间的呼叫，提高了网络使用率，特别适合于多个地区的部门或单位。对于各群体用户，只需方便地向数字集群共网运营商申请该项业务。

按照使用的必要性，无线数字集群通信网提供：（1）基本业务功能；（2）用户根据实际情况决定是否申请使用的基本补充功能；（3）根据运营商和用户需求而提供的可选择补充业务功能等，满足组织化群体用户间相互存在某种特殊关系，保证这种关系相互间的互通频度。

5.1.2 我国数字集群通信系统标准发展状况

制定数字集群通信标准是发展专业无线通信的核心要求。国际上通行的数字集群通信行业标准有 AP-C025 、Tetralpol、EDACS、TETRA、DIMRS（iDEN）、IDRA 和 Geotek。我国从 1997 年开始专门组织数字集群通信标准组制定国家数字集群通信标准，并于 2000 年 12 月发布了《数字集群移动通信系统体制》SJ/T11228-2000。在编制数字集群通信标准过程中，不仅充分考虑了我国中长期集群通信发展的需求，还考虑了我国集群通信发展的历史和现状以及国际上集群通信发展的方向，决定将 1993-1994 年间进入我国、也是全球应用最为广泛的欧洲陆地集群无线电系统 TETR（体制 A）和摩托罗拉公司综合调度增强性网络系统 i-DEN（体制 B）确定为我国发展数字集群通信的行业推荐标准。

数字集群通信行业标准的发布，在我国数字集群通信领域，无论是对设备制造商，还是对网络运营商，无论是对规范市场，还是对专利技术在我国的推广和应用都产生了积极的推动作用。数字集群通信行业标准发布以来，在政府主管部门的关心、支持和引导下，数字集群通信系统本质是专网，方向是共网的规划与建设引起了多方面的关注与探讨。数字集群通信的一个重要服务对象是对于调度和安全性要求都很高的特殊行业用户，TETRA 和 iDEN 毕竟是国外的技术，对于发展我国数字集群通信形成了一定的技术壁垒。因此，制定具有我国自主知识产权的数字集群通信技术标准具有更加重要的战略意义，成为当前发展民族数字集群通信产业十分迫

159

切的需求。

我国政府一直都在致力于推动具有自主知识产权的数字集群通信技术标准的制定工作，引导和鼓励国内的通信行业厂商积极研制开发自己的数字集群通信技术标准。信息产业部专门成立了数字集群通信专家组和标准组，对发展最为成熟和完善的华为基于 GSM 技术的数字集群通信 GT800 系统和中兴通计 L 基于 CDMA 技术的数字集群通信 GoTa 系统进行技术讨论和标准制定，于 2004 年 6 月制定了《基于 GSM 技术的数字集群系统总体技术要求》和《基于 CDMA 技术的数字集群系统总体技术要求》两个集群通信系统标准文件，将 GT800 和 GoTa 两个系统技术增加为新的行业标准。这两个标准的制定，极大地推动了我国自主知识产权数字集群通信技术的发展，并为 GT800 和 GoTa 下一步的标准化工作提供了坚实的基础。2006 年，华为 GT800 和中兴通讯 GoTa 的身影出现在信息产业部电信科学研究院主办的"第二届 PTT/数字集群论坛"上。2007 年 5 月 25 口，华为和中兴通讯的代表参加了中国电子学会通信分会集群专家委员会在北京召开的第一次数字集群通信网络运营与维护管理研讨会。

在制定数字集群通信系统标准的整个过程中，国家无线电管理部门明确地表达了基本频率规划意向，即按模数前后向兼容的发展方式，规划我国的数字集群通信系统工作频段与信道配置。以 800MHz 频段为例，即上行（移动台发，基站收）为 806-821MHz，下行（基站发，移动台收）为 851-868MHz，共计使用带宽 2X15MHz，FDD 模式，收发双工间隔 45MHz，信道间隔为 25KHz。在此频段共计可安排 600 对频点，分为 30 个大组，每个大组分为 40 个小组，每个小组有 5 对频点。

5.1.3 我国现行数字集群通信系统标准特点

目前，我国现行的数字集群通信技术标准是信息产业部作为行业标准推荐的欧洲 TETRA、美国 iDEN 和具有我国自主知识产权的华为 GT800 和中兴通讯 GoTa 四种。

1.TETRA

TETRA 起源于欧洲，是由欧洲电信标准协会（ETSI）推荐、为满足专业无线通信用户的需要而设计的标准。TETRA 是一个空中接口信令开放的系统，基于数字时分多坎 TDMA）无线通信技术标准，借鉴了大量 GSM 概念，在 25Kb/s 带宽内分 4 个信道，采用较先进的 ACELF〕语音编码方式和 QPSK 数字调制技术，支持连续覆盖和人区覆盖 a TETRA 系统调度功能比较完善，不仅具有很强的一对多的团队调度和单独分配采用 GSM 加密方式的一对一数字化全双工蜂窝移动直通服务功能，还可以提供信息和分组数据服务以及实现脱网直通，因此更加适合应用于专网，服务于专业集群调度用户。特别在适合公安、安全、水利、铁路、民航、交通和地铁等专用通信领域执行关键任务并对通信有着严格需求的特殊行业用户使用。TETRA 数字集群终端独特的加密技术能为专业部门有效避免外界攻击和黑客的非法干扰；使用精确的 GPS 全球定位技术为用户的人身安全和在紧要关头做出及时反应提供了切实保障；统一调度业务能远距离遥感、恢复终端的工作。TETRA 在我国城市政务网、城市轻轨、交通运输、码头装卸等领域有较大发展，用户有进一步扩大与超其他标准的趋势。

TETRA 是由欧洲电信标准协会制定的标准，在系统设备上，虽然目前有十几个公司可以独立开发生产，但由于 TETRA 系统内部接口没有完全公开，因此不同厂家之间的互通和漫游还是存在问题。

2.iDEN

iDEN （Integrated digital en-hanced network）是由美国摩托罗拉公司提出的一种以调度呼叫为基本业务的数字集群标准。iDEN 也是采用 TDMA 制式，集 VSELP 语音编码和 16QAM 调制等诸多先进技术于一体的工作方式，可以通过覆盖网络实现在一部手机上提供双向呼叫对讲、数字电话互联、短信息服务、无线分组数据服务、无线因特网等多种不同的功能和通信服务。它的来电显示、通话提示和优先级的状态信息，紧急呼叫、私密通话和孤立站运行的双工互连，多组扫描、组呼通话和区域限制的调度服务功能比较适合作共网用。特别是 iDEN 的虚拟专用网功能，可以让虚拟网用户通过虚拟专用网.实现管理其终端用户开户、新增业务、重新编组，更改调度私密号、组号、电话号码以及获取详细通话清单以及虚拟网终端用户使用情况统计等。

iDEN 是由摩托罗拉制定的标准，核心技术并没有公开，技术专利垄断性更高。因此 iDEN 的网络设备价格高，不容易引入厂家竞争，不适合建设一张全国性的网络。

3.GT800

GT800 是华为针对国内数字集群通信市场需求，基于 GSM 技术，参考现有数字集群通信系统的业务特性研制开发的数字集群通信系统。GT800 通过 GPRS 和 GSMR 技术开发，实现可变速率数据传输功能，提供快速呼叫、群组业务、优先级控制、安全保密、故障弱化等基本通话、短信息、集群调度、优先级抢占、快速接续以及基于位置的路由等业务，满足专业无线通信用户对高速数据业务的集群调度需求。GT800 解决了基于 CDMA 技术实现集群业务的关键技术，具有一定的技术优势，为第二阶段提供基于 TD 一 SCDMA 2Mb/s 的数据业务打下了基础。GT800 不但适合数字集群通信共网运营，而且也适合民航、铁道、水利、市政、交通、建筑、抢险救灾、矿区等专业部门自建专网。

GT800 主要有以下几点技术特点：第一，以公众移动通信产业链为支撑，基础技术比较完善，数据速率高，发展有保障；第二，标准开放，众多厂商参与，有利于供货商之间的竞争，打破专利垄断和技术设备制造垄断，降低网络建设和运行维护成本，价格比较便宜；第三，具有良好的接续性能，系统的集群模式快速呼叫建立时间能够满足用户的需求；第四，系统基于华为强人的智能平台，能提供各类的特色业务；第五，支持空中接口加密和端到端的加密，安全可靠。

GT800 是国内自主研发的系统，有自己的知识产权，技术比较成熟，有政府的引导和支持，售后服务到位，完全可以和 TETRA、iDEN 展开很好的竞争。

4.GoTa

GoTa（Global open Trunking architechture）是由中兴通讯自主研发、

基于 CDMA 多址采用 16QAM 和 QPSK 的调制方式和 QCELP 语音编码技术，频分双工，上下行各 1.25MHz 带宽，间隔 45MHz，PTT 语音呼叫，提高了呼叫接续速度，满足集群通信系统的快速连接。GoTa 的空中接口在 CDMA2000 技术基础上进行了优化和改造,核心网采用独立的分组数据域，基于 A8/A9 和 A10/All 标准接口，可以公开并标准化，是面向新技术演进的全球开放式数字集群通信系统。

GoTa 在系统的设计中充分考虑了数字集群通信共网的特点，处理通信连接时采用了共享的方式，充分考虑了专业无线通信用户的需求，可以用一部终端将集群调度业务、普通语音业务、分组数据业务、众多增值业务（短信、定位）等多种通信服务集成于一个网络中，减少网络处理呼叫的时延，具有快速接入、高信道效率和频谱使用率、较高的用户私密性、易扩展和支持业务种类多、灵活性高、性价比优异和功能全面等技术特点，可为运营商开辟出更多的赢利空间。

GoTa 既能满足数字集群通信共网的需要，也能兼顾专网应用。对没有 CD-MA 网络的运营商，可以作为单独的专业集群通信系统，供专业集群网络运营商和新运营商建网运营，提供专网集群业务和传统公众移动通信业务。对传统 CDMA 网络运营商，可以在已建设的中兴 CDMA 系统上通过系统升级方便叠加集群调度业务子系统，提供集群调度业务。

GoTa 数字集群通信系统由中国厂家研发、具有自主知识产权，可以很好地解决由于 TETRA 和 iDEN 的核心技术完全掌握在国外厂家手中而不适合应用在安全、保密和国防等重要部门的问题。

5.1.4 数字集群通信发展缓慢的原因分析

1.数字集群通信发展缓慢的原因分析

在谈论数字集群通信网络建设的时候，特别是共网的时候，必须考虑它的市场。

经过几年的冷落或者说是"不温不火"的集群通信，在 2000 年底我国《数字集群移动通信系统体制》电子行业推荐性标准发布后，又增添了新的活力。而 2001 年信息产业部 518 号《关于 800MHZ 集群频率使用管理有关事宜的规定》文件的发布，更是为数字集群通信加了一把火。从那时候开始，数字集群通信开始升温了，所谓"地方部队"的运营商都起来了的时候，包括老的三大运营商（上海国脉、深圳润迅和北京华讯）在内的差不多全国将近有 20 个。于是生产商活跃了，一些公司的销售人员忙个不停；运营商也活跃了，召开了各种形式的会议、发表了各种规划和计划，"请进来、走出去"，作了许多调研上作；舆论也活跃了，报刊、杂志刊登了许多文章，使人们对数字集群通信进一步了解了、对数字集群通信的标准认识也加深了，可以说对数字集群通信的理解不仅在概念上、还在系统体制上，不仅在量上还在质上都有了提高。这段时间虽然不长，但数字集群通信确有面貌一新之感。人们认为集群通信不仅走出低谷，而且开始有翻身之感

但由于信息产业部已明确数字集群通信为基础电信运营业务，因此规定只有具有基础电信业务资质的运营商才有资格运营。为此，今年 5 月下旬信息产业部对具有数字集群共网运营资格的几大运营商，即中国移动、中国联通、中国电信、中国网通、中国铁通和中国卫通等人们称为的"国字号"六个公司召开了会议、征求意见，了解他们对发展数字集群通信的态度这样，就使一此原来已经在数字集群通信共网上作了多年上作的公司和部门（有人称之为"地方部队"）由于资质条件不具备而只能放弃。这个有些突然的变化确使这些'地方部队"都乱了方寸但从另一方面了解到一些具备运营数字集群通信共网资格的"国字号"运营商似乎对此举并没有表现出很大的兴趣、没有几个表态，只有中国铁通和中国卫通等公司对数字集群通信的运营表现积极参与，因而目前他们正抓紧时间努力地作大量的筹备工作。

由于这些新运营公司都的要从头开始做起，需要有一定的时间去熟悉和了解，因此有人担忧我国的数字集群通信发展是否又会推迟？但有的业内人士称信息产业部的这个规定对我国数字集群通信发展的步伐从目前来看似乎是慢了从长远来看还是快了，人们当然都希望这种说法是正确的。所以在这种形势下，人们对当前的数字集群通信发展认为暂时对它的进展

有一些看法也是自然的。事实上数字集群通信靠"轰"是轰不起来的，炒作同样也是不可能的。即便有频率资源、有资金来源、有公司领导们的决心，但是没有市场以及搞不清楚它的应用也是枉然。如果再加上一些有意或无意的"干扰"，又会对发展数字集群通信的脚下使上一个"绊儿"，也会把你"折腾"得够呛。

因此，为了使我国数字集群通信更好地健康地发展，不再走模拟集群通信的老路，领导部门、业内一些专家一直提出在发展数字集群通信上既要积极、努力，也需冷静、稳妥，切不能认为我国的数字集群通信马上就会在全国铺开和发展，更不要一提就是全国统一建一个大网。应该从这两年的数字集群通信的发展总结出一些问题来，但现在来看还是市场是最重要的。

市场驱动同样适合于数字集群通信的发展。尽管现在已经有好几种预测：如"我国约有 450 亿元的潜在市场需求，其中 2005 年约 75 亿元，2006-2010 年需求约 200 亿元"；又如"2005 年我国的数字集群用户可达 400 万，移动台为 800 万代"；"集群用户与蜂窝用户之比为 1：9"；还有引用国际上比较保守的预测，即"按集群通信用户为公众移动通信用户的 3%—5%来计算，则可达 900 万—1500 万"等等。且不管这此数据是如何得来的，也不去研究这此数据是否准确，总之，这都只是预测，最终还是由市场来决定究竟有多少实际用户。市场是严峻的，市场也不是靠"等"来的，你必须去开拓它、营造它才行。市场也不会因为是新技术而给你"优惠"，众所周知的"铱"星系统就是一个例子。技术越新，它的风险越大，当然市场开发得好它也会越成功。应该说，数字集群通信也同样是这样。

第一，由于数字集群通信是才发展不久，因此它的特点和使用定位还不可能被广大群众全面了解，即便有一此想使用数字集群通信的部门和单位，也不可能一下子对它们了解的很清楚。从上面已列出的目前已经建成的网络，国内还不多，想看到和摸到一此实际的系统也比较困难。因此这对数字集群通信的认识和深入了解都有一定的限制，现在很可能还有相当一些（包括生产商的某些销售人员在内）是处于模糊状态的，或者是"一知半解"，一些面上的东西都能够介绍得很好，而要深一步分析就可能说不清楚了。因此在一些产品演示和介绍、用户座谈和征求意见、或一些技术程度要求不太高的研讨当然是够用了，但是要为本部门和本单位选择和建设一个数字集群通信网络只有这些认识是远远不够的。一知半解的了解还很容易受到一些有意或无意的误导和干扰。因此需要对数字集群作进一步的宣传、学习、认识和了解。否则，将会使你感到谁说"都有道理"、会让你举棋不定、似是而非，也不知选用哪一个系统更能满足要求，且不要说是 TETRA 还是 iDEN 两种体制的选择，就是 TETRA 系统还要比较不同厂家的设备才能确定。所以建议媒体在宣传数字集群通信的时候，让读者了解数字集群通信的"ABC"固然需要，但随着时间的推移，也需要一些比较深入的文章包括技术、应用、发展和市场等方面。当然如果有条件，应使参与数字集群通信网络使用和运营、设计和工程、应用和开发以及售后服务的人员能够比较系统和全面地学习和了解，或能参加一些培训班，系统学习一下当然更好。

在选择、决策一个系统和网络时，一些公司都花费了许多精力和时间拟定标书、全面招标，请专家讨论、评定，收到的效果是不错的。所以对于数字集群通信这么大的一个网络，切忌领导个人拍板，说了算。如果出现一些问题，它的损失就太大了，因为一个网络的建成少则需要几千万、多则几个亿，和过去模拟集群通信的网络相比，费用要高出十倍、几十倍，甚至上百倍，这个"船"是翻不得的。

第二，当前数字集群通信系统设备和终端的价格还相当高，都还不大容易为用户所接受。有些人以 GSM 手机的价格来和数字集群通信手机相比，显然这是不合适的，应该用性能价格比来考虑是对的，但后者的价格确是高出一大截，再怎么比数字集群手机价格就是高的多，iDEN 手机算是便宜了，而款式最老的也至少还得要 200 美元左右，而 TETRA 手机一般要 1000 美元或以上，少的也得 800 多美元，虽然也有商家打出 600 欧元、甚至 400 多美元的价格，实际上这种手机有一些功能是不具备的。有的商家说，GSM 手机不是已经降到了 100 美元甚至以下，TETRA 手机也会的这话说得也对，因为他是从手机量来说的，现在全球 iDEN 系统的用户才 1200 多万，而 TETRA 系统的用户（包括 400MHz 频段在内）可能还不到 100 万，那么什么时候这些系统的用户能达到 GSM 的用户数呢，退一步说达到中国的 1.8 亿呢？手机生产上不了量，生产厂商是很难把价格降下来，除非把手机的功能减少，或质量降低。这当然是不允许的。实际上，用户对数字集群通信还是很感兴趣的，以福建的数字集群网为例，经调查有大大小小将近 400 个单位都感到不错，但要他们一下子购买都表示很有困难认为还是贵了一点，所以缺乏经费是主要原因之一。他们都表示喜欢使用数字集群通信系统，但旧的其他移动通信系统还得要用，不能全部淘汰旧系统而购买数字集群通信设备，也许这就是"喜新厌旧"吧。当前，我们国家的经济状况确实已经有了很大的改变，人们的生话水平提高了，但总还没有到富得流油的程度，所以从一般的移动通信更换为集群通信、从模拟过渡到数字必须是逐步完成，要有一个过程，希望这个过程尽量短一些。

第三，对数字集群通信的用户群调查和分析还不够，从客观来说，现在要一下子摸得很清楚是不可能的，因为它还和对数字集群通信的应用内容，细分它的服务对象有关。过去的两年，有一些曾拟建数字集群通信网的公司都作了用户的调查，如上海国脉公司作出的在上海的数字集群用户数不仅经过了他们的计算，还请一个咨询公司专门作了调查后得出的；又如北京华讯集团曾用了几种方法来计算出北京的数字集群用户。虽还有几个公司调查得出的数字集群的用户数也比较客观、合理，这都是他们辛勤工作的结果。但确有一些公司在用户数的估计上有些"信口开河"，说得不着边际。现在新的运营商同样也会花费时间在这上面下功夫。没有一个比较准确的用户估训，又怎么能够考虑整个网络的规模呢？

总之，笔者认为一方面我们要看到我国的数字集群通信在发展，这个发展也许不如人们意想中的那么快，但总还是在发展，我们已经看到了数字集群通信的曙光。再说一个新的事物的成长有些曲折也是允许的，大可不必为它担忧。而另一方面也要依据我国的国情来发展我国的数字集群通信，我国政府有关部门一直对数字集群通信的发展给予很大的支持，据悉，无线电管理局即将发布一个新的对发展数字集群通信有利的通知，而且350MHz频段的数字集群通信系统的开发，信息产业部有关司局也十分支持和关注。气可鼓而不可泄，一定要积极、稳妥地发展我国的数字集群通信事业。

2.数字集群技术发展所受限制情况

（1）我国的数字集群技术的发展规模长期处于落后的状态

就目前我国数字集群通信发展的情况来看，数字集群技术产业规模发展落后是目前我国的数字集群技术发展的特点，由于我国数字集群技术处在初期发展阶段的原因，数字集群通信的规模远远落后的状态是目前我国迫切需要解决的问题之一。我国使用的数字集群通信系统大多来源于国外，国内自主研制的还比较少，致使我国的数字集群技术发展的规模一直处于落后的状态。

（2）我国的集群通信市场的规定标准不一

由于我国的数字集群市场规模长期处于落后的状态，我国的市场在标准化上却没有一个很好的统一，在我国的数字集群基础设施不够完善的情况下，对于基础设施的规定也没有一个相对统一的规定。但是我国的集群通信市场也是存在相当大的规模与潜力的，致使国内的一些电信设备制造商都在对研发数字集群通信设备虎视眈眈，有的已经研制出比较符合集群通信要求的数字集群系统设备，但目前几个数据通讯商的集群技术却有所不同，因为这些系统具有很多我国企业的自主知识产权。然而这些先进和公开的移动通信技术，虽然实现了适应我国的数字集群系统环境，但我国厂家研制的集群系统却没有统一的标准化。

（3）政府的相关部门没有制定对集群通信技术的文件制约

就目前我国的数字集群技术环境下，虽然有着适应目前环境的数字集群技术，但是却没有使数字集群技术实现规范化的技术文件。由于我国互联网发展环境安全的不断变化，同时数字集群技术安全也在不断的更新，数字集群技术安全不断更新的同时也在适应现实的互联网环境，因此不仅要发展数字集群技术也要得到有关部门的支持，而且还要制定国内数字集群技术的测试和标准化文件。

5.2 我国数字集群通信网络的现状

5.2.1 我国数字集群通信系统网络的现状

近年来，在政府部门和产业各方的积极推动下，国内数字集群系统的应用步伐正在日益加快，用户规模也在逐年扩大。随着社会经济的不断发展，政府、公安、交通等部门和企业对应急通信及指挥调度的通信需求不断提高，数字集群通信也拥有了自己广阔的应用和发展空间。

上世纪 90 年代初，由于公众移动通信网规模有限，国内掀起了建立和运营模拟集群通信网的热潮。应该说，在交通、公安等单位和部门的专用指挥调度通信中，集群通信确实发挥了相当大的作用。但是，由于技术本身的局限，模拟集群系统存在功能单一、不易联网、不易加密、系统容量小、频率利用低、运行成本高等问题，导致多数模拟集群系统的运营部门亏损倒闭，造成了很大的浪费。90 年代后期，随着数字集群通信技术的日益成熟，集群通信由模拟走向数字成为大势所趋。数字集群通信技术以其全新的技术体制、灵活的通信构架和强大的服务功能，渐渐成为市场的主流。

自 2003 年以来，中国卫通分别在天津、济南、南京和上海进行数字集群技术试验和商用试验，逐步开发出较为完善的行业解决方案，探索出趋于成熟的商用模式，储备了大量的运营资源。在天津港，中国卫通采用 iDEN 系统建网，初步解决了港务局北疆物流中心地区的网络覆盖问题，满足了用户迫切的调度通信需求。在济南和南京，中国卫通分别采用国产技术 GoTa 和 GT800 搭建技术试验网，分阶段进行了功能测试、性能测试、外场覆盖测试和大容量测试，测试系统的成熟度并及时发现系统存在的问题，使厂家及时改进和完善，积极推动国产技术的成熟和发展。同时在今年的青岛国际帆船赛和啤酒节期间，中国卫通的 800M 数字集群系统为整个赛事和节日期间的通信保障作出了巨大的贡献。

　　作为全国唯一经营 iDEN 数字集群商业共网的电信企业，中卫国脉已有 15 年的商业共网集群业务经营历史，积累了许多成功的经验。近几年来，中卫国脉在为众多企事业单位提供高效可靠的专业无线通信服务的同时，还为 APEC 会议、F1 赛车、世乒赛等大型国际性活动提供了良好的通信保障。经过几年的发展，中卫国脉数字集群业务发展迅速，目前数字集群用户累计已经超过 1 万户。用户遍及各企事业单位，包括政府机构、市政工程、城市监察、公用事业、医疗卫生、通信行业、建筑装潢、大型制造业、物流快递、金融、保安、会展、物业等。

　　从 2004 年 10 月开始，中国铁通正式在沈阳、长春和重庆三个城市开展数字集群的商用试验工作。在沈阳和长春采用 GoTa 系统、在重庆采用 GT800 系统进行商用试验。如今，数字集群业务已经在三地得到了广泛的应用，并得到了广大用户的一致好评，其中重庆 GT800 系统在重庆已经拥有超过 40 个基站，覆盖范围达到重庆主城区 95% 以上的面积，行业用户数量超过 1000 个。重庆港务局、交警、消防等行业用户已经加入该网络。同时，铁通在广州和佛山也正在建设 GT800 数字集群通信网络，预计规模超过 200 个基站，在未来规划中，铁通预计达到 10 省 29 市的 1000 万数字集群容量规模。

　　北京正通数字集群网于 2003 年开始建设，目前已进行了三期工程建设。网络容量为 9 万户，已建设 5 套交换机和 241 个基站。正通数字集群通信网作为首都北京的集群通信共网旨在为公安、急救、城管、消防等政府部门和大型企事业单位提供高效、安全、及时的指挥调度通信，网络已基本实现城八区和郊区平原地区的覆盖。北京市公安、城管、消防、急救等主要政府用户已加入该网络，目前用户规模已达到网络容量的 70% 以上。在奥运期间，正通网络为政府及安保用户提供了高效优质的集群调度服务，极大提高了强力部门对重大活动的安全保障能力和实效指挥调度能力。根据网络统计，2008 年 9 月在网用户已达 86162 户。

　　2006 年 7 月，随着青藏铁路的通车，我国铁路系统数字移动通信系统

GSM-R

铁路全球移动通信系统正式投入使用、这种系统是基于 GSM 公共无线通信系统平台上，专门为满足铁路应用而开发的数字无线通信系统。它具有适应铁路运输特点的功能优势，是最适合我国铁路建设的数字移动系统，铁道部于 2000 年底正式确定将 GSM-R 作为我国铁路专用通信系统网络，大秦线 GSM-R 是我国建设的第一个铁路综合数字移动通信网络，而 GSM-R 网络在青藏铁路的建设和使用，为我国在艰苦条件下建设安全、可靠的集群网络提供了宝贵的经验，目前，该网络运行状况良好，已经取得了良好的经济效应，预计在 2010 年以前中国将力争在全国 70 余条铁路线建设 GSM-R 网络。

综上所述，虽然目前数字集群已在多个行业开辟出了一片天地，但从数字集群通信的整体发展现状来看，集群产业仍处在初期发展阶段，与公众移动通信的发展规模相比，数字集群通信的规模处于远远落后的状态。数字集群通信要想得到更好的发展，还需要积极培育市场，提高集群通信在社会上的认知程度，对集群网络功能进行市场推广。

5.2.2 我国集群移动通信系统用户分析

集群通信业务用户发展规模来看，数字集群的应用步伐正在日益加快，用户规模在逐年扩大。从国内来看，随着社会经济的不断发展，政府、公安、交通等部门和企业对应急通信及指挥调度的通信需求不断提高，数字集群拥有可观的用户规模。根据国外的研究和运营经验，公众移动用户和集群用户的比例为 10：1，如果我们以国内公众用户为 5 亿来算，那就将有 5 千万的数字集群用户。我国目前集群通信系统发展仍处于初级阶段，虽然数字集群发展的共识是走共网建设的路线，但是也不是所有类型的用

171

户都可以容纳进入共网的平台。由于集群用户的多样性，需要对用户群进行分类，根据用户对网络要求的安全等级提供相应的业务和服务。根据集群用户对信息的保密性来划分，集群用户群可分为以下三类户：

（1）政府型用户

这类用户对通信信息的保密性要求高，要求在信息网上传输信息资料做到完全的保密，这类用户隶通常属于政府部门的行政职能单位，包含公安、消防、国家安全、交通指挥、三防水利等政府部门。这类用户在目前集群通信系统网络中用户比例大，通信需求量大，且具有潜在的多业务需求。但政府型用户中不同部分对网络功能的需求差异也比较大，需要网络能提供广泛的覆盖范围、相当大的系统容量以及可靠的多业务支持。

（2）企事业型专网用户

这类用户对通信的保密性要求不高，网络应用主要在日常工作调度信息，且网络覆盖局限在固定区域。但此类用户对系统的可靠性要求高，其通信调动与整个企业的生产运营情况联系密切，如发生通信事故会对生产安全造成重大影响，因此，一般电信集群运营商无法满足或不愿意承担风险，如对调动通信有要求的石化、矿山、轨道交通、水路交通等用户。

5.3 数字集群通信网络运营中存在的问题及措施

5.3.1 数字集群通信网络运营存在的问题分析

由于集群通信的工作频段是有限的，而需要建设集群通信专网的部门越来越多，在对集群通信要求较多的地区，频率就不够分配。因此，近些年由专门运营公司运营的集群共网就发展起来，它们通过集中申请频率在一个较大区域内建设一个能提供多种服务的数字集群网络。前面我们介绍的卫通国脉公司、北京正通公司、中国卫通公司以及中国铁通公司的数字集群网络均属于此类情况。根据儿家公司运营情况分析，主要存在以下几个问题：

（1）网络建设投资巨大，收益率低且回收期较长

通信网络建设投资的门槛高，根据国内现有通信网络的建设经验，初期的投资均达到 1.5-2 亿人民币。并且后期基站还需要不断建设和优化。对中国卫通济南 GOTH 试验网进行投资效益分析，按照在工程建设初期投资 1 亿元人民币计算，在良好的运营状态下，收益率约在 15%左右，财务静态回收期在 5 年以上。但实际运营过程中受到用户发展速度、资费标准、设备价格、外汇汇率、网路配套能力、经营成本、物价变动等影响，距离预测收益率相差较大。还需要不断加大工程投资完善网络建设，才能更好的发展用户，使网络进入良性发展的轨道。

（2）网络维护和优化成本高，需要二次开发，加大运营成本

在我国数字集群网络建设初期，由于我国还没有集群设备生厂商，我国引入

的 iDEN 和 TERRA 系统的设备均由国外引进，设备成本高，且在维护和网络优化方面受到生厂商的制约，需要付出较高的维护成本费用。在网络运行过程中，由于受到不同用户行为的影响，系统功能还不能完全满足用户要求，需要在实际过程中进行二次开发，如开发适合特殊客户的用户终端，车载终端等。我国目前推出的 GOTA 系统和 GT800 系统虽然在一定程度上解决了网络维护需要依赖国外生产厂商的问题，但这两个系统在二次开发上还需要加大研究开发成本。

（3）网络潜在用户数量大，但实际用户数量增长缓慢

基于数字集群通信系统的特点以及在城市应急联动、企业生产调动中发挥的巨大作用，其巨大的市场潜力令人关注。以北京正通通信网络公司运营情况为例，北京市政府作为其主要服务对象，占其用户量的 95%以上，截止 2008 年 9 月，全网累计入网客户为 86162 户，由于奥运后，奥组委约 14228 户用户已退网，2008 年 10 月份全网累计入网用户降至 71924 户。根据最新的政府部门需求预测，截止到 2010 年底，实际可发展用户约为 2500 人。相对于北京市政府办公人员的通信需求，还具有很大的发展空间。目

前，制约用户发展的原因有很多，其中反映较多的是移动终端成本较高和对网络服务质量的不信任。

5.3.2 我国数字集群通信网络的发展面临的问题

我国数字集群通信网络经过 20 多年的建设虽然已经初具规模，但相对于数字集群通信在世界范围的广泛应用和飞速发展，我国数字集群网络建设和发展还面临许多问题，目前急需解决的有以下几个问题：

（1）频率的分配和利用

我国集群通信系统所使用的频率在 800MHz 频段中指配为 806-821MHz（上行）和 851-866MHz（下行）。如按照信道间隔为 25kHz 计算，共有 600 对频点。根据我国目前的集群需求部门来考虑，各个建设专网肯定是不能满足的。需要采用集群共网方式来缓解不足，且在同一地区，经营共网运营的运营商数量也不宜超过 2 家。根据对我国目前集群网络用户的分析，我国集群网络建设以共网为主、专网并存为原则，并且在共网建设中坚持政务共网、商务共网分开建设和运营。因此，集群网络在现有频率资源下无法实现规模经营、适度竞争的格局，只能采取由政府统一规划、各自发展的策略。　　随着集群技术的发展和集群网络的要求，集群通信系统对频率资源的需求日益增大，参考公共移动通信网络的频率资源整合方案，有以下两种方法：一是在其他频段指定频段使用；二是整合现有频段频率资源。对于方法一的指定方案、由于集群通信要求单基站覆盖半径大，因此，相对于公共移动通信网络在 1800MHz 频段或 1900MHz 增加频段。集群通信更倾向 400MHz 频段只配频率资源。且在此频段内优先考虑专网用户的需求。对于方法二的整合方案，集群通信系统需要在现有频段附近申请连续的频段资源，以满足频率的规划。

（2）运营商的参与

我国在 2002 年确定数字集群通信共网为第二类电信增值业务，并规定必须有 2 亿资金的单位才能运营省内的数字集群通信共网，有 20 亿资金才能够运营省间共网。因此初期只有 6 家国有运营商才有资格运营，这虽然在一定程度上避免了一拥而上造成的资源浪费，但也限制了一些有能力运营数字集群网络的实体的加入，限制了数字集群网络的发展。在以后的 10 年间，真正建设省间共网的运营商也只有中国卫通和中国铁通两家。随着 2008 年电信企业的重组，原有运行数字集群网络的中国卫通、中国铁通分别并入中国电信和中国移动、并且对中国联通和中国网通进行了整合。目前只有中国移动、中国联通、中国电信三家运营商具有数字集群共网运营资格。可以说，三家基础通信运营商均有属于自己的数字集群网络。但这三家基础通信运营商对数字集群通信网络的发展和建设还缺乏足够的认识，需要随着集群通信网络重要性的提高更多的投入资金、加强管理来促进集群网络的发展。

5.3.3 对于我国发展数字集群通信过程中问题的应对措施

1.增强我国集群通信技术行业的规范化

对于目前我国的集群通信技术的标准协议来说，要不断借助当前国际与国内的数字集群通讯技术的协议体系，这样在借鉴之后，就会有着独立的协议，这样的协议是具有自主知识产权的，这样的数字集群技术体系的呼叫流程一定要是单一，这样在使用集群呼叫的时候，呼叫建立时间就会缩短，一旦出现不易的呼叫建立，就会使这个功能丰富的公众移动通信网的呼叫处理流程变得十分复杂。〔因此，为了加快行业的规范流程，也就要规范在集群通信技术行业的标准化、在规范的集群通信系统中，能实现双方的快速、安全、准确的通信，同时还能避免在通信过程中，出现信息泄露、信息丢失等现象，确保了通信的安全。

2.合理的分配和管理有限的集群频谱资源

就我国的数字集群技术而言，有此部分地区还是在使用模拟集群技术，虽在有此部分的地区在这此年也陆续建设了一此数字集群共网与数字集群专网，但在我国目前的数字集群共网的频率仍然是处在按不同规格的标准而进行分配的状态，横跨区域进行统一频率的指配发展集群共网运营，这样才能够根据这种情况大力发展基础设施的建立，从而来实现集群频谱资源的合理分配和有效的昔理，进而保证数字集群通信系统的安全、稳定，保证通信过程的顺利。

3.处理好集群通信专网和共网之间的联系

对于集群通信专网，与共网之间是有一定联系的，由于我国的社会化境在发生不断的变化，集群通信技术也随着社会紧急突发事件的出现而承担着一部分社会责任，由于集群通信技术具有快速处理信息的特点，能够根据不同的要求而不断提高简单的语音通信，从而形成了语音与计算机网络数据相连的多媒体通信，然而却在要求方面规格不一，也就是说随着我国互联网快速发展的环境下就会慢慢出现了有着不同需求的客户，但由于我国目前频率资源变的相对匮乏，具体怎么提高频率利用率情况和怎样来实现资源的最优化，这样的问题一直在困扰着我们。因此，在数字集群的专网建设方面就会存在着制约，从公众服务与安全的角度来言，共网相比于专网更有突出的特点，因为共网不仅可以很好的利用资源，而且共网在对紧急突发事件的快速反应能力上更加有效率，而专网的应对效率却不是很理想，由于共网是由多个部门来共享一个基础网络，因此要协调发展共网的共同进步，这样才能加快共网的使用效率，也协调发展了我国的集群通信技术在现实生活中的应用。

4.支持发展民族产业技术

随着我国社会环境的不断变化，我国的数字集群技术规模也在不断地发展壮大，由于我国目前较为成热的几种集群技术系统都是具有很多中国企业的自主知识产权，系统的结构体系也采用了目前较为先进的公开移动通信技术，同时在此基础之上引人了自家的专利技术的关键性指标，可以说，国内自主研发的系统体系不仅已经能够满足集群系统的基木功能要求，而且在客户的基木需求上也能满足业务集群的规定，因此在满足业务集群需求的基础之上的同时，也保护了我国的民族产业，使我国的民族产业在不断发展的同时也在进一步更新。因此，要大力支持发展民族产业技术，促进我国自主研发数字集群通信系统，打破国外垄断现象，促使我国数字集群通信技术的大规模发展。

5.4 数字集群系统在我国的发展前景分析

5.4.1 数字集群系统在我国的发展前景分析

1.无线电通信技术的飞速发展，为数字集群通信系统建设提供了强有力的技术支持

我国专用移动通信的发展，受国际大环境的影响较大，大体经历了 3 个阶段。第 1 阶段为 20 世纪 60 年代至 70 年代，主要是以"一呼百应"为特征的开放式对讲机系统；第 2 阶段为 80 年代，随着通信技术的进步，出现了具有自动选择信道功能且能使多种用户共享资源的模拟集群系统，由于模拟集群系统能够为客户群提供较为丰富的指挥调度服务和简单的数据传输服务，因而在一些行业和部门得到了逐步应用进入；第 3 阶段为 90 年代后，移动通信由模拟走向数字已成为大势所趋，于是数字集群通信系统应运而生。

数字集群通信系统在技术开发和研制方面借鉴了前两代专用移动通信系统的经验和教训，有选择地吸收了公众数字移动通信的优点，这保证了数字集群移动通信系统的技术更加先进，提供的服务更加丰富，功能更为强大，并具有更高的频谱利用率和经济性。不仅如此，随着公用移动通信系统的发展，专用数字集群通信系统还将实现与 3G 的结合，如 TETRA 系统就能和 T61T-2000 和 U6lTS 联网，这为数字集群通信系统在未来的生存和发展打下了牢固的基础。我国选用的 iDEN、TETRA 两种数字集群通信参考制式，在技术成熟程度等方面，都具有明显的优势和竞争力。

2.我国快速发展的社会经济，为数字集群通信系统的发展和应用提供了资金保障

加入 WTO 后，我国各项改革将进一步深化，对外开放将进一步扩大，原先依靠计划经济管理和专项拨款来发展专用通信的模式也将逐步向市场

177

经济的模式转化，这将为数字集群通信共用网的发展与应用提供体制和政策支持同时经过 20 多年的改革开放，特别是多年来社会经济的持续快速增长，我国的综合国力大大增强，经济总量大幅度提高。在这种情况下，集中方方面面的财力，通过多种渠道融资，搞一些基础性通信项目建设的可能性也大大提高。据国家权威部门预测，我国数字集群系统的潜在市场需求约为 800-900 万部移动台，信道 14-15 万个，产值高达 500 亿元如按国际上通用的估算方法，即按专业移动用户为公众移动用户的十分之一估算，到 2010 年，我国专业移动用户也将增至 2000-3000 万。由此可见，数字集群共用网的潜在市场是不容忽视的，而我国社会经济的蓬勃发展，将有力促进数字集群通信事业的快速发展。

3.社会各行各业对广域调度指挥服务的需求，为数字集群通信系统的发展奠定了基础

社会是一个有机的整体，许多社会活动需要各部门的协同和配合，而要实现这种协调和配合则需要相应的方式和手段，如在抢险救灾等紧急行动中，如果没有统一的调度指挥系统，就无法完成政府、公安、消防、交通、安全、调度、卫生急救等部门之间的相互协调和统一行动。而数字集群通信可以实现现场图像的传送、数据库的查询、实时上作报告、数据的采集和遥控遥测以及人员车辆位置信息的传送等功能。因此，社会各行各业对广域调度指挥服务的需求，迫切要求建成统一的、大规模的数字集群系统，实现跨部门、跨地区、跨省（区、市）以至全国的联合指挥调度。从这一点来看，数字集群通信系统的客户群体将是十分广泛的。

4.频率资源的紧缺，急需新一代、具有更高频谱利用率的专用移动通信系统替代旧的专用通信系统，以缓解日益突出的频率供需矛盾

随着我国社会经济的发展，无线通信得到了日益广泛的应用，但可供使用的无线电频率资源十分有限。为了保证用户对专业移动通信的需求，国家对用于集群通信的频段进行了认真的研究和规划，并要求停止使用频率利用率不高的模拟移动通信系统，对数字集群通信业务的发展在频率分配上给予政策支持，以满足建设数字集群移动通信系统网络对频率的需求，

并正式颁布了具体的体制标准。根据上述要求，我国在建或已建的数字集群移动通信系统，都能提供综合性的话音和数据通信服务，具有较高的频率利用率。当然，鉴于建设数字集群移动通信系统的投资较大，且缺乏应用经验，因此数字集群通信的大规模发展尚须时日。但面向未来，发展新一代数字集群通信系统的前景是十分美好的。

5.4.2 数字集群通信未来在我国的发展状况分析

目前，我国数字集群通信的发展还处于初期阶段，具有我国自主知识产权的数字集群通信系统也刚刚开始起步，无论从数字集群通信市场发展还是民族产业发展来看，都存在着很大的发展空间，这种现状对于今后我国数字集群通信系统的发展既是机遇更是挑战。全球经贸往来的日益活跃，除要求有先进统一的通信手段与之相适应，提供端到端的全球性无缝通信外，专业无线通信领域显然更为迫切要求先进统一的通信手段。国际数字集群协会的专家分析认为，数字集群通信将在今后几年内成为专业无线通信领域最具增长潜力的市场。在美国，著名数字集群运营商 NEXTEL 已建立了覆盖全美的数字集群通信商用共网，成为美国电信运营商中的佼佼者。在欧洲，英国 DOLPHIN 电信公司的数字集群通信系统，已覆盖全英 97%人口的地区。瑞典、德国、荷兰、挪威等西方发达国家，都纷纷计划建设国家安全专用网络。在我国，政府机关、公安、消防、交通、铁路、水利、城市轻轨、、石油和抢险救灾等数十个国民经济部门，都迫切需要建设现代化数字集群通信调度网。国内部分数字集群通信厂商推断：中国数字集群通信的市场需求量如按照目前国内 5 亿移动用户、比照国际上数字集群通信占公众移动通信市场的比例估算，将有 5000 万左右的用户市场空间。正因如此，数字集群通信市场，成为电信厂商新一轮的角逐焦点。

作为无线通信的一个重要分支，数字集群通信除了具备普通无线通信的语音功能外，还强调群组呼叫快速接续等指挥调度功能。数字集群市场定位分为两种：一是专业用户市场，二是公众用户市场，从运营方式上可分为专用集群系统和共用集群系统。专用集群系统是仅供某个行业或某个部门内部使用的无线调度指挥通信系统，系统的投资、建设、运营维护等均由行业或部门内部承担，早期的集群系统人多属于这一类型。共用集群系统是指物理网由专业的运营商负责投资、建设和运营维护，供社会各个有需求的行业、部门或单位共同使用的集群通信系统，它具有资源利用率高、成本低廉、网络覆盖和运营质量好、可持续发展能力强、用户业务可自行管理等诸多优点，是数字集群通信运营体制的发展方向。在高速公路、铁路、内河航运、旅游及武警等部门的专业网，随着各自业务的发展，也必然要求统一的数字集群系统，以便跨部门、跨地区、跨省市以至全国联网。数字集群通信是从专用无线通信网发展起来的，而数字集群通信共网也是随着数字集群通信的发展而形成的，应该说这也是符合发展规律的。专网在一定的时间内还将发挥其作用，并有相当一部分专网是不能用共网来替代的。所以各部门的专网不可能在短时期内取消，甚至有此专网还要较长时期存在下去。但在专网、共网共同发展的同时应该看到，数字集群通信的本质是专网，发展趋势是共网。

首先，公众移动通信取代不了数字集群通信。数字集群通信在发展过程中应该处理好和公众移动通信系统的关系。数字集群通信是面向集团用户提供以指挥调度业务为主的专用无线通信系统，而公众移动通信是面向普通大众用户以提供话音和数据业务为主的公共移动通信系统。二者的定位不同，技术特点也不同。应避免重走过去通过集群系统提供公网业务的弯路。数字集群通信要求前后向资源共享，即在一个小区覆盖范围内所有同组集群用户共同占用一个无线和有线信道。一个信道承载的用户数对于集群通信手机数量是没有限制的，这样可以极大地增加资源的承载能力。在单信道资源情况下，理论上可以支持无穷多个集群手机进行调度。从移动通信目前的技术发展水平来看，公众移动通信基本不能满足这种要求，至少在相当长的时间内还不能替代集群通信系统，公众移动通信提供 PTT 业务只能作为一种增值业务，其性能指标远不能满足集团用户对专业指挥调度通信的需求，同时也不能提供集群通信所需要的各种服务质量级别和优先级。这此功能在集群网络中，尤其是在集群共网中是非常重要的。数字集群通信在短时间内接续的核心竞争力，是公众移动通信网一直没有取代数字集群的根本原因。

其次，数字集群通信发展过程中分为共网和专网两种发展方式。时代呼唤数字集群移动通信共网建设。一是数字集群通信市场的特殊性。无线电通信技术发展很快，数字集群通信网络不断扩展，需要不断投入新资金。数字集群通信共网就是把数字集群通信网按"小区制人容量"来建设，打破专业、部门界线，由多个行业、多个部门共同投资建设集群网络，并拓展多种业务功能，适用各专业、各部门的不同需求。共网数字集群通过 VPN 的方式，在同一张网络中向不同的集群用户群体提供不同需求和不同优先级的服务。以特有的优势，容纳各行各业群体用户，共用集群网络系统。由运营商负责网络维护、管理。这样，可以避免重复建设，降低网络系统高额建设费用和管理费用。这种应用方式同专网专用的方式相比，具有网络资源和频率资源利用率高的优势，同时由运营商运维网络，可以向用户提供更为专业的服务，降低网络运营成本，并有利于各个集团和部门之间的通信，做到协同配合。同时又因为人人扩充了用户量，增加了用户密度，可保持较高的信道利用率；二是数字集群通信系统共网运营不仅符合世界发展趋势，而且也有利于发展成规模经济。在模拟集群时代由于种种原因，分布在全国各个部门和地区的中一个专网因网络的建设年代不同、制式不统一、系统容量小、功能中一、十扰人、自区多，专业技术人员增长速度跟不上网络的发展速度、技术力量欠缺，技术水平、维护能力差距很人；三是数字集群通信共网凭借它自身的技术特点，使用功能和用户容量人人增加，提高了网络效率，提高了频谱利用率，降低了人家都关心的数字集群网络建设成本和运维成本。

数字集群通信是集群通信的发展方向，数字集群通信共网也是一种发展趋势。但也应认识到，有些专网是共网集群不能替代的，对一些通话质量和优先级要求很高的部门来说，共网集群可能难以满足要求，或者是需要付出很高的网络成本。因此在促进数字集群通信从模拟向数字发展共网时，也不能忽视专网的发展。

第三，避免重复投资和建设。在数字集群通信网络运营方面，政府应该严格管制集群共网许可证的发放，鼓励具有一定实力的电信运营商发展数字集群通信共网，保证网络质量，避免重复投资和建设。引导数字集群运营商开拓新的市场空间，对集群网络进行正确的定位，将重点放在专业集群用户上面，避免造成与公众移动通信系统的用户重叠。同时也应鼓励数字集群运营商在集群业务的基础之上，面向集群用户发展增值业务，实现社会效益和经济效益。数字集群通信共网为用户提供他们想要的服务，技术开发是提供更好服务的保证手段要求。用户需要的服务庞大而多样，从保护国家珍贵的频谱资源、提高频率利用率和数字集群发展趋势来看，需要有这样一个集群用户需求的承担者：提供群体用户共用的集群通信调度网络。在信息时代这个网络由传统的移动通信运营商充当，这有些勉为其难。传统公众移动运营商无法面对和满足如此多样和灵活的群体用户需求，结果会令几方都不满意。传统的公众移动通信运营商的主要资本投入在具有跨时空沟通信息的灵活性及全球连接无缝隙覆盖的普遍性基础网络建设上，并由于行业门槛高造成的天然垄断状态，更不会去主动寻求降低服务成本的方法，传统的公众移动通信运营商从主观和客观上都不具备承担为数字集群通信群体用户提供服务的条件。

市场呼唤真正的能够理解集群群体用户需求，且懂得如何满足这种需求并从中受益的数字集群通信运营商。数字集群通信运营商的出现，体现着市场经济体制发展的必然性，体现着社会分工的进一步细化，这种细化是对高效率的追求。但是，数字集群通信运营商能否促进数字集群通信网的广泛应用，首先必须获得政府主管部门的许可。

总之，以坚实的技术为依托的高素质运营商是整个数字集群通信的坚实基础，他们的行业资源、经营理念、服务品质等方方面面是充分且必要条件。中国的数字集群通信虽然刚刚兴起不多时日，但不论从该行业的发展轨迹还是趋势以及市场取向来看，我们都应该有足够的信心和理由相信，在政策和市场的春天里，数字集群通信来得正是时候，而且必将在我国的指挥、调度通信业务中扮演重要角色，随着时间的推移，成为最具吸引力及最耀眼的现代专业无线通信方式。

5.5 我国数字集群通信网络的发展方向

5.5.1 数字集群技术的发展方向

数字集群通信系统是在第二代公共数字移动通信系统上发展起来的，它采用了数字信令方式和语音数字编码技术，使得网络内传输的信号全部是数字信号，因此其接续速度快、可靠性高。除了具有无线电话系统的全部呼叫功能外、它还具有更适合指挥调度网络的紧急呼叫、动态重组、呼叫限时等功能。随着公共数字移动通信系统的技术的发展，其大量成熟的、先进的数字技术也应用到集群系统中来，必将促进集群通信网络技术的飞速发展。在数字集群技术的发展过程中，

需要重点关注以下几个方面：

1.数字化技术及其辅助技术

真正的数字集群通信系统在各个环节上都是要数字处理的，除了数字信令外，其中最重要的是多址方式、语音编码方式、调制技术等。同时，实现数字通信后，还需要一些新的辅助技术来配合，如同步技术、分集技术以及检错纠错技术等。由于数字集群通信系统要求具有较高频谱利用率、较强的信号抗信道衰减能力、高保密性要求、易于开发多种业务服务以及有效、灵活的网络控制等功能。其网络的数字化技术要求会进一步加强。

在我国投入使用的数字集群系统网络中，各个网络数字化技术的应用各有特点，也各有不足。TETRA 系统具有很强的保密性和调度功能，但其也有缺点和不足，如：采用 GPS 同步方式给安全带来隐患；现有系统不能支持小区分裂的分集技术，也给网络质量提高带来不便。iDEN 系统功能强大，适合大区域共网运营，但指挥功能较弱，不支持应急网络重组和孤岛基站技术，这些也需要逐步改进。我国自主开发的 GT800 和 GoTa 系统，均是在公共数字通信系统的标准上开发出来的，在指挥和调度功能上还具有很

183

大的开发和应用的空间。

2.多功能智能网的开发

由于集群通信系统中用户行为的不同，对网络的功能要求也不尽相同。因此，需要在实现基本业务的同时，加大对数字集群网络中多功能智能网的开发。上海国脉公司在 iDEN 数字集群系统中开发的 iDEN. VPN 接入平台，就是智能网开发的成功范例，其通过 VPN 对拥有不同等级的虚拟专网用户设置不同权限，从而拥有对网络内用户和用户终端设备的全部或部分管理权限。即保障了用户的个性化和安全性要求，也降低了运营成本。

随着 3G 时代的到来，3G 技术的应用已经使我们看到了通信网络的发展方向，更安全可靠的网络服务，更强大的网络功能以及更广阔的应用范围。数字集群通信网络的飞速发展也同样离不开 3G 技术的发展和应用。由于数字集群通信的特点，我们在 3G 技术应用中也不是一成不变的照搬公共移动通信网络的成熟技术，也需要结合网络特点进行有针对性的开发。

5.5.2 我国数字集群通信技术网络建设的组网建议

根据集群通信网络用户行为的差异，使得我国的数字集群通信网络的组网方案既不能是"一网打尽"的共网经营模式，也不能是"各自为政"的专网建设方向。应该在网络建设中很好的平衡和考虑不同用户的需求，这样才能使集群通信网络在社会经济巾发挥其重要的作用。

1.网络的建设原则

集群通信网络不同于公共移动通信网络，其用户行为和用户对网络的要求存在着巨大的差异，如果在网络建设初期不能明确网络功能和服务对象，会给后期的网络发展带来很大的麻烦，甚至会使其失去应有的使用价值和功能。根据功能划分可分为集群专网和集群共网两种组网方式。

（1）集群专网的特点

集群专网（PMR）是由专门部门组织建立的网络，部门内部的用户利用网络建立相互呼叫。其在用户密度、通信业务、工作环境、网络投资、控制能力、安全性和保密性、以及数据应用等多方面都与共网有所不同，其主要的特点有：

1）集群专网的维护和运营均属建设单位所有。

2）集群专网用户类型单一。

3）集群专网建设目的更注重社会效益，一般为非盈利网络。

4）集群专网用户数量少，占用频率少，通常组网方式采用大区制。

5）集群专网更容易根据用户的要求等级实现信息加密，特别在需要使用物理加密隔离进行数据访问时。

（2）集群共网的特点

集群共网（PAMR）是由某个机构建立并运营的网络，其目的是为公共的或第三方组织的注册成员提供通信服务。其特点如下：

1）集群共网应由专门的运营公司运用，并有偿向客户提供服务。

2）集群共网的用户分布的范围大，用户类型多样化，但用户需求统一。

3）集群共网可以集中使用频率，提高区域内的频率利用率。

4）组网方式多为小区制，网络质量高，实现的业务功能多。

通过以上集群专网和共网的特点介绍，我们可以看到专网在保密性、安全性方面要优于集群共网，而集群共网在集中利用频率、实现网络经济效益方面具有明显的优势。近几年，随着市场需求的增加，集群共网的发展呈现上升趋势，利用集群共网满足各个集团用户的集群通信要求，已经逐渐成为各集团用户的共识。但集群共网还不能满足特殊部门的安全要求。因此，根据我国的数字集群通信系统的现状，今后在网络建设上我们需要考虑建设和完善以下 3 种数字集群通

信网络：

（1）集群政务共网（城市应急联动系统）

建立全国统一的城市应急联动网络，即政务共网。其网络相对于公众网络具有相对的独立性。网络组网模式以小区制为主，覆盖区域根据城市应急要求，主要以城市政府办公地、城市重点地区及重要场所、城市内主要道路和交通线、城市交通枢纽、城市间主要联络线等区域为土，覆盖

以室外覆盖为主，兼顾重点地区的室内覆盖。网络容量应适当加大。网络功能以实现社会效益为主。

（2）集群商务共网

建设地域型商业集群通信共网，网络建设目的是为商务用户提供一个覆盖范围广、系统容量大的共网平台。其网络组网模式以小区制为主，覆盖地域根据用户要求不同进行分期建设，优先考虑覆盖区域内大型工厂、矿山、企业集团等潜
在用户数量巨大的部门，覆盖指标根据客户需求进行调整。在网络建设中，网络容量要根据用户数量逐步分期扩容。保证网络具有良好的经济效益。

2.网络的标准制式选择

根据我国行业性推荐标准 TETRA，iDEN，GoTa 和 GT800 四种体制目前均已经在我国市场投入商用或建立商用实验网。网络功能和网络质量都得到了实践的检验，均满足集群通信市场的要求。但同时，多体制之间也还处于多运营商、多用户群"各自为战"的情况。网络建设制式选择上多借鉴国外的成功模式，我国自主研发的 GT800， GoTa 系统还处于商业试验网阶段。根据我国网络建设原则我们在网络建设中的标准制式选择阶段主要考虑一下几个问题：

（1）体制标准规定的功能满足网络功能的要求

我国行业性推荐标准中推荐的四种制式各有特点，简单概括 TETRA 系统更适合于专网模式，其他 3 个系统更适合建设共网。但随着技术的发展，TETRA 也可以作为作为共网建设。IDEN 系统也开发了 Harmony 系统作为专网系统使用。我国的 GT800 和 CToTa 系统相对前两个体制推出较晚，还需要在指挥调动等功能上不断的完善和发展。因此，在网络体制的选择上要充分考虑到满足网络的现有功能和以及网络的未来发展要求。

（2）体制标准应具有开放性

随着集群共网需求的增加，集群标准的开放性变得越来越重要，开放程度高的系统，其网络的经济性也就相应较高。目前我国推荐的四种制式中 iDEN 系统被 MOTOROLA 公司独家垄断，TETRA 系统虽然在空中接口

方面可以兼容，但各厂商系统不能实现互联互通。这种情况直接造成了在使用过程中终端和设备价格高，系统维护、升级和扩容成本高。很大程度上制约了数字集群通信在我国的发展，因此，我国自主研发的 GoTa 和 GT800 系统均考虑了开放性，供商加入。

（3）体制标准应有良好的发展性

集群通信网络的发展来自于公共移动通信网络的发展和带动，并鼓励设备提供公共移动通信网络从模拟化到数字化，从单一的语音通信到大流量的数据通信的发展过程也代表了集群通信网络的未来发展方向。因此，集群网络的建设，特别是覆盖方位广，容量巨大的集群共网的建设，也应该考虑到网络的未来发展。使网络建设具有可持续发展的空间。

（4）对于各标准制式中的安全隐患要有所认识并提供保障方案

集群网络的应用在政府工作及社会生产中运行中起到了重要作用，特别是在政务共网的建设中，更要特别保障网络的安全性，如目前除 G"1'800 系统外，其他三种系统均采用 GPS 同步的方式，这需要依赖于 GPS 系统提供时钟信号，在网络建设时要预留主从同步方式或其它同步方式作为补充，降低系统的安全隐患。

（5）标准的选择上应优先考虑自主知识产权的技术体制

集群网络的建设和发展是一个长期的过程，在此过程中要充分考虑到国际形势和社会发展的变化，网络建设中要优先考虑我国自主研发的具有自主知识产权的系统，提高我国集群通信网络设备的国产化程度，以保证集群网络的长期和可持续性发展。

3.网络的运营模式

集群通信系统最初是从专用移动通信网发展起来的，其特点是自己建设、自

己维护。随着集群共网的发展，特别是商业集群共网的发展，由专门运营商提供网络服务的运营模式在集群通信中得到应用，集群通信系统不同于公共移动通信

系统的主要方面除了业务的不同外，其客户需求也具有多样性。并且客户

需求的网络标准体制、组网方式、网络功能等网络指标均有重要影响。由于国内缺乏可借鉴的成功的数字集群运营经验，所以根据我国现有的几个较大的数字集群网络

运营情况讨论集群共网运营中应该注意的问题：

（1）明确网络服务对象

不同于集群专网用户的单一性，集群共网用户对于网络功能的要求有着较大的差别。因此，在网络建设初期，就要明确此网络的建设目标和方向。是建立为政府部门服务的政务共网，还是为商用客户服务的集群共网。调查他们的业务需求，要做到网络建设有的放矢，切忌盲目投资。如在早期的集群共网建设中，想当然的把政府部门、公安部门、交通部门、企业用户都视为潜在客户，但在实际运行过程中发现，政府型部门出于安全等考虑，更倾向于建设部门专网。而企业对集群通信的认知度较低，且终端产品居高不下，导致早期的集群共网经营大都入不敷出。

（2）选择适合的集群通信系统体制

不同集群网络在功能上存在着很大的差异，在集群网络建设的调研阶段，要

充分考虑网络要求的各项功能，网络的投资方在集群制式的选择上要考虑以下方

面：一是考虑申请的频率资源是否能够满足目前的网络建设要求，网络下一期的

发展是否会受到频率的限制；二是考虑选择体制的系统性能，包括产品技术的成

熟度、提供业务的能力及终端设备的性能；三是考虑选择的集群制式的设备提供

商是否可以提供全面的个性化服务，如产品的售后服务、系统功能的二次开发等；

四要考虑选择的系统的投资成本。

（3）网络建设规模和可持续发展能力

在网络的建设初期，要预先进行深入而广泛的市场调查，对网络覆盖区域的用户发展形势有一个客观的了解，进而确定初期网络的建设规模。在网络建设中，要充分考虑网络运营中的各种问题，既不能盲目铺开建设，造成不必要的浪费。也不能过度谨慎投资，影响网络建设速度和质量。网络建设要优先覆盖重点区域、并以其为核心构筑覆盖该地区的集群通信网络。同时，网络的建设考虑到网络的后期持续发展的能力，合理布局并预留一定的网络资源，保证网络能持续而稳定的发展。

第6章 数字集群通信系统在信息管理中的应用

6.1 数字集群系统在信息管理中应用

集群通信系统诞生于上世纪 70 年代末到 80 年代初。集群通信允许为数众多的用户通过智能化的频率管理技术自动处理、共同使用相对数量有限的通信信道，其工作方式类似电话交换系统，它通过中央交换站根据需要自动为用户指定信道。在传统的无线对讲机通信中，因所有用户使用一个公共的无线电信道，用户需要随时收听通话状况才知道信道是否被占用；而集群通信系统则进行自动处理，提高了信道的使用效率及通话的保密性。

集群通信系统最早是各部门，各单位用于工作指挥，调度通信网。在过去的时间里，集群通信网基本上是小范围的网络，开始的本部门的几十到上百个用户服务，都是由最开始的单基站的形式出现。这种单基站必须要在地形平坦或高大建筑物很少的地域才行，很多地区都不在覆盖的范围内，所以在开始的很长一段时期内大都建这种直放站解决问题。但是现在的集群通信系统已经发展成数字系统，应用面积更大，特别是随着我国国名经济的飞速发展，各个部门的工作业务面扩大和相互联系的增多，都需要跨部门、跨地区的工作，加上一些大城市的城区字不断扩大，高楼大厦越建越多、越建越高，因此原来用一个单基站的网就能很好的覆盖的区域变的越来越不能很好的额覆盖了，单基站，大区制的集群通信网已不敷应用了。数字集群通信系统开始采用小区制或大区制和小区制混合方式建网。这样就形成了多基站系统的网络，这种多基站网络又可分成区域网（块状网）、链状网和两者的混合网，其中链状网还不少，如用于高速公路、铁路、地铁、轻轨、内河航运、江河湖泊的防汛、查堤报险、输电线路和电站，以及石油和天然气的输油、输气管道等的指挥调度通信系统。

为应对目前国内突发事件频发，设施遭受重大破坏的极端情况下，供应出现暂停，常规通讯手段处于瘫痪状态，需要建设坚强的、全面的信息管理综合通信系统。当前的应急通讯系统的建设程度和水平与实现坚强智能电网的战略目标和要求还是有很大差距的，迫切需要利用新的网络技术与多媒体技术提高应急通讯系统的通讯一体化、网络多样化水平，以满足坚强智能电网的要求，为坚强智能电网提供必要的后备保障。本文分析了下一代网络标准与系统中各子系统的原理，对下一代讯通网络中设计的通讯协议进行了详细阐述。详细探讨了信息管理综合通信系统的设计问题，包括设计思想、需求分析、并提出了一种基于原有信息管理综合通信系统的可行性方案，并进一步研究该系统的组成结构和工作原理，设计系统的总体框架。阐述了平台四个组成层次的结构及功能。进一步对集群调度指挥系统、应急移动视频会商系统、应急单兵系统的结构及功能进行设计。最后展示了应急综合通讯系统的软件平台功能。该系统集 3G 专网、卫星通信、专用传输光纤、集群通信、WLAN 技术、PTN 专网和 NGN 通信网络等多种通讯技术于一体，包括机动应急移动高清视频会商、3G 单兵视频互动、移动工业平板实现现场应急处置、IP 可视电话的可视通话等等业务，充分满足应对自然灾害及极端小概率突发事件情况下的通信需求。信息管理综合通信系统进一步提升了系统应急指挥调度能力，对应对突发及应急事件的处理能力以及电网的快速恢复能起到非常重要的作用。

近几年来，随着用户需求的增加，国内的数字集群通信运营商和使用部门都先后建立了一些多区、多基站的联网系统。从 1999 年福建省的 iDEN 数字集群通信系统建立、开通以后，深圳市交通局的运联通公司 2001 年建设开通了一个 16 个基站的 iDEN 网，上海国脉公司于 2001 年在先建一个 8 信道（后来升为 16 个信道）的 Harmony 系统（iDEN 的小型系统）的基础上，于 2003 年扩建为 40 个基站、2006 年扩建为 108 个基站的 iDEN 网。多基站的数字集群通信专网也于 2002 年开始陆续兴建起来，如最初的上海市公安局、广九铁路、广州地铁 2-4 号线，北京轻轨和八通线、天津轻轨、天津水利、天津安全、秦沈铁路等以及以后更多的网络都已经建成和使用 TETRA 数字集群通信网；北京正通公司已建成目前全国最大的 TETRA 网

（第一、二期工程为 174 个基站）。此外，深圳地铁、天津地铁、南京地铁、新长铁路、宁波港、上海港、厦门港、深圳盐田港、深圳西部港和大连港等，也都已经先后建成 TETRA 网并投入运行。上面这些网建成的时间一般都不成，有的还不到半年时间，但效果都不错。尽管建多基站网要比建单基站网复杂（建多区、多基站网则更为复杂），但它的作用肯定是明显的，所以相信会越来越多。

在建立应急通信系统时，应充分利用现有的光通信网络，融合现有的通信监控系统、资源管理系统、电视电话会议系统等资源，建设具备监测监控、动态决策、预案生成、综合协调、应急联动等功能的应急通信系统，从而大大提高通信网络的应急能力。集群通信系统的网络为星型结构，便于调度中心对各移动台的指令传输。同时，网络覆盖采用大区或中区制。集群通信系统主要由以下几部分组成：调度台即调度系统中的移动台；交换控制中心负责信道的动态分配并监视系统的通话状态；基地台发射和接收无线电信号，并将其传回交换控制中心；移动台即提供用户通话的终端设备（包括车载台或手持机）。在集群网络系统建设时，一般先建基本系统单区网，然后将多个基本系统相互连接成局域网。基本系统可为单基地台或多基地台，基本结构可分为单交换中心的单基地台网络结构和单交换中心的多基地台网络结构。在控制方面，集群系统分为集中控制方式及分散控制方式。前者的系统中控制信号传输是由一个专用的频道传输，其速度较快，同时，具有集中控制的系统控制器，功能齐全，适用于大、中容量多基地台网络；后者则是在每个频道中既传输控制信号又传语音信号，只有在频道空闲时才传控制信号，节省了一个专用信道，但接续速度慢，不需要集中控制器，因此，其设备简单且成本低，适用于中、小容量的单区网。集群通信系统通常包括诸如群组呼叫、紧急呼叫、发起或接收与公网之间的呼叫等多种呼叫功能。同时可以为用户提供可靠的通信信道、快速建立通话、优先等级划分、动态重组能力等功能，尤其是在执行紧急任务时，这些功能更显重要。在移动台识别系统中，每个移动台均有 1 位识别码，控制中心对通话的移动台具有识别能力，以监控系统的通话状况；群组呼叫控制中心可同时呼叫系统内所有用户或者对特定的群组进行群呼通话;紧急呼叫,在紧急情况下即使所有频道都被占用,系统仍可让用户取得信道做紧急呼叫用;限时装置,由于集群系统以调度为主,通话时间不宜过长,为免频道占用过久,可设定最长发射时间进行通话时间的限制;动态重组,系统可按特殊需求在控制中心输入动态重组计划,将不同通话群组人员编于同一通话群内,一旦任务发生时,以无线遥控方式激活重组计划执行任务,任务完毕后可恢复原有编组;忙线排列,当信道全部被占用时,控制中心将发起呼叫用户的置入"等待名单"中,一旦有空闲信道,立即自动通知该用户开始呼叫;优先排序分级,控制中心可将系统中的每个用户划分优先等级,不同等级的用户具有不同的使用权限;自动回叫,当被叫遇忙或不在覆盖范围内时,系统将记录此状况,在被叫通话完毕或重新回到系统时通知被叫回呼;遗失禁用,移动台遗失时,系统可遥控此移动台使其无法使用。集群通信系统的优点是,它可以带来动态性强、更经济的组网手段,可以将多个部门或机构组合在一套系统之下,同时,仍能保持各部门的独立运行。

目前,通信网主要以电网站点作为通信站,利用电网线路架设光缆形成的光纤通信网,在应急情况时存在以下问题。

多业务。在重大事件或突发事件的情况下,能够在较短时间内实现事件现场至指挥中心的通信接入,保证将事件现场的图像、语音、数据传送给指挥中心,使指挥中心能够在最短的时间内掌握现场情况,满足电网抢险指挥快速、安全、可靠、灵活的要求;提供本地现场的无线语音通信;建立应急现场的局域网络,使现场指挥部的计算机能访问指挥中心的相关资料,以取得指挥中心的信息支持;现场与指挥中心可召开视频会议,进行问题研究、视频指挥等。

可扩展。系统可从小容量、小范围扩至大容量、大覆盖,系统设备标准化、模块化,能快速组合和扩展。

可互通。能够与其他应急通信手段互联互通。

组网灵活。组网机动灵活,快速组网,点对点,点对多点,保证指挥人员指令快速下达。

多频段工作。适合各种复杂电磁环境，保证可靠通信。

设备多样。设备、终端多样化和系列化，便携、可移动，最好是低功耗个人手持终端，提供不同的接入方式，保证在事发现场能够接入至少一种通信网络。

节能型。由于某些应急场合无法供应，完全依靠电池供电。因此，系统应尽可能地节省电源，满足系统长时间、稳定地工作。

集群通信是一种多用户共用一组通信通道而不互相影响的技术。该系统能使大量的用户共享相对有限的频率资源，具有自动识别用户，自动并动态地分配无线信道的功能，是一种多用途、高效率的移动调度通信系统。

集群通信中一个基站的覆盖范围可达数千米，其最大的特点是使用简单，接续速度较快，工作方式以单工、半双工为主，能支持群呼、组呼功能，适合于为移动用户提供生产调度和指挥控制等语音通信业务。

经济的发展繁荣推动了城市交通事业的发展，全国范围城市地铁建设活动正在大规模地开展之中。由于地铁交通网络建设工作在环境以及施工技术上的特殊性，所以对于与之相关的地铁通信系统的构建提出了比较高的要求。同时在城市地铁建设过程中对于数字集群通信系统的利用研究工作还有待进一步深入。作为地铁通行系统的重要组成元素，无线通信技术因其的特殊优势得到了广泛的应用与重视。数字集群通信为用户提供了资源共享的可能性同时又为用户带来了更多高效、自动化的服务，方便用户进行室内操作指挥工作、为系统调度工作的有效进行提供可能性，这一技术在地铁交通建设中也发挥着积极的作用。数字集群通信系统近年来在全国民航得到了广泛的应用，随着民航数字集群用户数以及规模的持续增加，网络覆盖规模不断增大，以数字集群通信指挥为主的移动指挥调度网络承载的业务量也日益增加。民航数字集群通信系统目前承载着关系到民航系统各单位正常运转、安全运营的指挥调度业务，伴随着数字集群通信系统的推广应用，民航系统对集群通信的要求也日益提高，要求在系统可靠性、满足民航行业特殊需要和符合民航通信保障条例等要求。因此，当用户对数字集群通信系统提出更高要求时，应充分挖掘数字集群通信的应用潜力、提高数字集群通信网络的运行服务水平，满足民航业不断的发展需求。以下以沈阳地铁二号线和中国民航空管系统作为案例，分析了数字集群通信系统在其中的应用状况。

国际上著名的数字集群标准有欧洲电信标准协会（ETSI）制定的欧洲集群标准 TETRA 系统和美国的 iDEN 系统，北美的 APCO Project25，以色列的 FHMA 标准，欧洲的 DMR 标准，中国的 PDT 标准等。提交给 ITU（国际电信联盟）的数字集群系统列入数字集群报告中的有美国的 Project25 调度系统、泛欧 TETRA 系统等 7 种技术体制。这也是国际上主要的几种数字集群移动通信系统。

2000 年 12 月 28 日，我国信息产业部正式发布的《数字集群移动通信系统体制》（SJ/T11228-2000）行业推荐标准，参照国际标准 TETRA（体制A）和美国国家标准 iDEN（体制 B），确定了两种集群通信体制。后来又加入了我国自主的 GoTa 和 GT800 两种体制。

目前我国现有数字集群标准有四个：欧洲的 Tetra，美国的 Iden，以及我国中兴和华为公司的 GOTA 和 GT800。国产的两个标准都是在公网基础上改进而来的，在入网时间及脱网直通等方面无法满足专业用户的需求。美国的 Iden 也是从公网改进而来的，存在同样的问题。只有 Tetra 能够满足包括公安在内的专业用户的需求。但 Tetra 也存在覆盖区域小、建网成本高、各厂商的设备无法互联、很难与模拟系统兼容以及国外知识产权壁垒等问题。中国公共安全行业亟需一个具备自主知识产权，并适合国内公共安全模拟系统数字化改造的新数字集群标准。

鉴于上述情况，公安部科技信息化局组织国内部分有研发能力的 MPT 模拟集群系统提供企业和研究单位，经过两年多的努力，参考了欧洲和美国的数字集群标准，制定了一部具有我国自主知识产权的数字集群标准--PDT（Professional Digital Trunking），简称 PDT 标准。

PDT 标准是一种根据中国的国情，注入了中国厂商自主创新因素的全新数字集群体制。PDT标准具有覆盖区域大、国产加密算法加解密、厂家系统互联互通、向下兼容模拟系统、技术简单造价低等优势。PDT标准将以公安警用需求为基础，逐步扩展到其他行业，力争成为全球主流的数字集群标准之一。

2008年8月4日，公安部科技信息化局在深圳组织国内5家集群通信系统生产企事业单位，探讨制定适合我国国情的数字集群新标准的可行性，此后陆续又有5家公司陆续加入了标准的制定。

为加快系列标准的制定和完善，尽快推出符合实战需求的产品，参与企业自发成立了PDT数字集群产业创新技术战略联盟，集合国内产业界的力量共同推进。2010年，PDT获得2项国家标准立项批复，2011年获得7项公安行业标准立项批复，2012年又获得3项国家标准立项批复。截至目前，已有4项公安行业标准完成制定并报批，1项公安行业标准完成征求意见，另有2项公安行业标准正在制定中。3项国家标准达到征求意见稿的水平，即将进入标准发布流程，另有2项国标正在草案修订阶段。标准制定过程中，PDT联盟成员声明共享的专利技术多达三十余项，采纳并融入标准的专利技术多达十余项，使PDT标准技术含金量已经完全可以和国际主流技术标准进行抗衡。PDT标准具有广泛的适用性，既适用于公安、军队、交通、铁路、地铁、急救等行业部门，也适用于市政、石油石化、机场码头、高级酒店等大型企事业。

折叠正式发布

2013年6月，中国公安部以大庆市公安局为样板点，正式发布了我国第一个专业无线通信数字集群标准——PDT。据悉，该系统为海能达通信股份有限公司（以下简称海能达）承建，标志着中国首个自主数字无线通信标准PDT的成熟应用。

PDT标准具有语音清晰、频谱效率高效、通信距离远、抗干扰能力强以及丰富的语音数据业务功能特点。

6.1.1 数字集群特点

6.1.1.1 组呼和群呼功能

对用户进行分组，分为一组的用户可以使用同一个信道进行呼叫，组内的其他用户都可以收到，从而很容易完成同一个行动小组内的通信，并且不受其他的影响。RA支持延迟进入的模式，也就是小组成员可以随时加入小组，进行呼叫和接收。

群呼功能就是"一呼百应"的模式，一个用户发起呼叫，全网用户都可以接收，并且只占用一个信道，这尤其适合大型集会等场合的调度指挥，是一般移动通信无法完成的。

6.1.1.2 用户优先级

不同等级的用户具有不同的优先级，高等级的用户可以进行强拆和强插，也就是可以随时中断低等级用户的通信，从而有效的保证高等级用户的通信。这样可以保证在信道比较忙的时候，有效的保证高等级用户的信息发出（例如中心站的指挥信息，现场用户的实时信息等）。不会像公网那样因为信道阻塞而无法通信。

6.1.1.3 单站模式和脱网直呼

设备在设计的过程中考虑了多种冗余、备份并支持降级使用功能。在基站和控制中心失去联系的情况下，基站自动转为单站模式，只要基站能保证供电。在这种情况下，同一基站覆盖范围的终端用户仍能保持通话，可以实现组呼等功能。并且可以启动备份的无线链路，从而保证基站与控制中心的连接。

终端还具有脱网直呼的功能，在接收不到基站的信号的时候，可以转为对讲模式，保证用户之间的通信。

6.1.1.4 大区制组网

实施大区制低密度组网，一个基站可以覆盖几十公里的范围，因而只要少数几个基站就可以完成对一个地区的覆盖，如果在对基站进行备份和独立的电源设计，抗毁性高，可以有效的保证应急情况下的通信。

如果一个地区通信中断，还可以以移动基站等的形式进行覆盖，一个单载波移动基站，体积小，供电省，覆盖距离大，可以保证一定区域内有效地调度指挥等功能。

6.1.2 我国行业应急通信现状与问题

为适应电网发展的需要和快速提高应对各种突发事件的处置能力，国网公司党组高度重视，迅速启动了应急体系建设工作，在各网省公司都建设了应急指挥中心，以移动通信车为标志的应急通信系统建设也初具规模，国网系统的应急体系已经形成。2008年冰雪和地震灾害后，国网公司初步建立了以应急指挥中心为支撑、应急通信系统为承载的覆盖网省公司至地市电业局的的应急指挥体系。其中以 VSAT 卫星通信为通信传输手段的国网机动应急通信系统覆盖了部分网省公司，并以卫星通信车和便携式卫星通信站提供覆盖全地域的机动范围，初步构筑起公司系统的应急通信指挥能力。各地网省公司，如四川、山东、青海等也开始建设自有的省级应急通信系统。

我国信息管理与系统经过 2 年的发展，已初具一定规模和应急指挥能力，但尚处于初级发展阶段，存在以下几点问题：

一是应急通信覆盖不全面

目前，应急通信系统仅覆盖到省调层面，部分网省公司在地调配置有卫星通信设备，但通信手段单一、难以在第一时间进入现场，对应急救援最重要的"最后一公里"覆盖尚无法做到。

1.技术装备简单，集成度、灵活性不够。现有的应急通信系统只作了简单的系统集成，设备集成度差、便携性不足，难以在真正需要时发挥作用。

2.应急系统功能不完善，智能化程度不够。现有应急通信系统仅仅作为一种信息通信传输手段，尚未达到智能化和数据分析层次，无法给决策者辅助参考，并未起到理想的作用。

3.尚未形成统一的综合信息平台。目前的应急指挥中心、应急通信系统虽然集成了多种数据库，但各系统较为离散，数据融合不足，海量数据带来的信息冗余、信息差错等对指挥决策带来一定干扰，且由于没有应急决策理论支撑，所有的应急指挥手段尚停留在人工手段，由此带来的资源浪费、低效甚至指挥决策错误导致应急救援的较低，还未进入现代化应急救援的层次。

二是未来的信息管理体系由一个中心和三大支撑系统构成。一个中心：一个应急体系综合信息发布与决策支持平台。三大支撑系统：系统资源数据库系统，信息管理信息感知与传输系统，应急指挥决策智能辅助支持系统。

信息发布与决策支持平台：

为顺应现代化、智能化的电网发展趋势，电网作为国家重要的基础设施将在国民经济建设、抗灾抢险等方面发挥重要作用，系统的信息化和应急管理将不仅仅局限于系统内部，而是将和社会紧密结合。电网应急指挥中心将取代传统的调度中心，成为一个集信息监控、调度、信息发布、应急决策的中央数据库，是信息整合、信息展示、信息决策的中心平台，是未来系统的信息中心和核心平台，该平台应具备如下几个功能：

（1）是系统各级指挥调度、应急救援队伍、社会公众的信息联络平台：通过该系统可针对不同信息接受对象，智能化地发布相对应的信息命令。

（2）是信息展示、信息综合的技术平台：为便于指挥决策者更直观、高效获取信息，通过该系统实现可视化展示、智能化统计，从海量信息中进行数据挖掘，提取有效信息供决策者参考。

（3）是决策推演、工作流程的智能化辅助平台：结合基础数据、智能算法，针对灾害发生的具体情况，利用最优化算法得到应急救援方案，供辅助参考。

综上，未来的信息管理指挥系统，将成为决策机构的"大脑"—情报中心，可智能化地实现应急指挥的最优化方案，大大提高应急救援效率，让应急指挥从混乱无序中摆脱出来，大大提高系统的稳定性和社会稳定性。

为实现上述功能，必须依靠三大支撑系统的技术发展。

资源数据库系统：

为实现上述功能，相关基础数据是核心支撑，列表如下：

SCADA：是电网的核心信息，是判断系统受损的第一门户

视频监控信息：包括变电站和线路视频监控，可大大提升灾害现场可视化程度，是灾害的第一手准确信息。

气象灾害信息：包括气象灾害类型、位置、覆盖范围、灾害强度、历史数据等，是重要的外部信息，是灾害预警、灾害评估的必要数据。

社会网络信息：包括社会新闻发布的信息、Internet 网络信息等，是获取系统外部信息的快速、便捷手段 。

GIS 信息：包括系统基础设施（变电站、输电线路、杆塔等）的地理坐标、地形地貌、地质结构、道路交通等信息，对评估灾害影响有重要作用。

人力资源信息：包括人员个人信息、专业、位置、状态等，是调度参与应急救援时的必要基础数据

设备物资信息：包括设备的型号、图片、3D 模型、价值、数量、重量、体积等，用以确保应急救援物资调配的准确性。

仓储物流信息：包括物资存放地点、物资数量、运输工具类型数量、物流交通信息等，用以评估应急物资调配的最佳方案。

对上述各类型数据进行数据库建模，并对各类数据进行模型关联，是资源核心数据库的基础工作。

信息管理信息感知与传输系统：

数据库的信息需保持实时和同步，同时应急救援信息上报和指挥决策的命令下达都离不开坚强的信息通信传输系统，该系统包括如下技术设备：

数据通信网；将各分散的异质数据库连接起来，通过统一的接口格式，实现信息的无缝传输和共享。

机动应急通信传输设备：包括卫星通信、短波通信、Wifi Mesh、集群通信、野战光缆等机动通信方式，可传输语音、视频、数据，实现灾害现场的信息实时回传。

信息传感网络；由低功耗无线节点构成，自组织 Ad Hoc 网络，实现灾害现场高密度、大面积、零距离、零时延的信息接入网络，利用各种传感器（温度、风力、振动、图像、语音、GPS、RFID 等）实现现场海量丰富信息的传感，并具备极强的抗毁能力，完全构成应急救援现场"最后一公里"的重点覆盖，大大提升应急救援现场的信息化程度。

移动接入终端：便携移动终端（如 iPAD 等），可随时、随地接入现场传感网络，且具备信息发布、信息接受、信息查阅、信息统计等功能，是现场单兵作战的核心信息设备。

无人特种装备：如无人直升机、飞艇、机器人等，在人员无法进入或危险地区采用无人特种装备进行信息监控、传输，确保获取完整、实时的灾害第一现场的信息。

6.1.3 通信系统工程概况

移动通信网分公众移动通信网与专业移动通信网两大领域。专业移动通信系统是在给定业务范围内，为部门、行业、集团服务的专用移动通信系统，目前典型的应用如公众无线网络运营商、紧急服务部门、公众服务部门及运输、公用事业、制造和石油等生产调度和指挥系统等。集群通信代表了专业移动通信网络的发展方向，是高级的移动调度指挥通信系统的典型形式。

集群通信的最主要通信特点是一呼百应和快速接入响应，运作模式主要分为单工、半双工工作模式，无线网络中的信道资源是动态分配的，同时可以给与不同级别的用户赋予不同优先级以及和特权功能如强插、强拆功能等，集群通信还具有快速入网、指挥调度迅速、组呼、单呼、系统全呼、区域选择、限时通话、迟后呼叫、优先呼叫、自动重发等特殊功能。集群通信目前主要分为模拟集群通信与数字集群通信，模拟集群移动通信网是在无线网络接口上采用模拟调制解调方式，是较早投入运营的集群通信模式，在 1998 年以前在网运营的集群通信系统几乎都采用的是模拟集群通信，但主要存在频谱利用率低，所承载的业务种类有限，不能提供数据传输业务，保密性差极易被窃听，终端体积大耗电量大携带不便等问题。数字集群通信系统是在无线网络接口采用数字调制解调方式，能够提供的业务主要包括调度指挥、数据传输、电话业务（含集群网内互通电话或与公众网间互通的电话）等业务类型。数字集群移动通信系统很好的应用了移动通信技术的最新成果，与模拟集群系统相比具有如下优点：系统容量大、扩容潜力大，无线频谱利用率高；通信质量好；承载的业务类型丰富（可传输数据、图像等各类信息）；通信保密性高；集群终端设备小巧轻便、功能强大；与公网电话、数据等网络互联简便。

1998 年 3 月国际电联（ITU）制订了数字集群通信系统的国际标准，主要有频分多址（FDMA）、时分多址（TDMA）、跳频多址等三种技术标准。从应用情况来看，TETRA 和 iDEN 两个系统应用较为广泛（均采用时分复用技术标准）。

iDEN 系统为美国 MOTOROLA 公司于 1994 年推出的系统标准，主要在北美、南美及亚洲等国投入商业运营，网络主要覆盖日本、韩国、菲律宾以及美国、加拿大、巴西等美洲国家，目前已经超过了 1000 万用户。该系统具有无线电话、指挥调度通信、无线寻呼以及无线数据传输等功能。

TETRA 系统是 1995 年欧洲电信标准组织（ETSI）制订的数字集群通信系统标准。经过不断的修订与完善，TETRA 系统已经在全球范围内取得了很大的成功，它是欧洲电信标准委员会唯一认可的数字集群标准，同时也被中国、美国、俄罗斯等国确认为本国的数字集群通信的行业标准。TETRA 数字集群通信系统能够取得最大成功的原因在于它提供了一种非常灵活的组网方式，具有良好的开放性、兼容性，同时在这个系统上可提供传统集群语音通信、非集群业务以及具有话音、数据传输、短信等业务的点对点的通信模式，具有极其丰富的业务提供功能、灵活多变的组网模式，它是国际上目前技术最先进、开放性最好、技术标准最严密、生产制造厂商最多的数字集群通信标准。

6.3.1 中国地铁数字集群发展及应用情况

　　沈阳地铁二号线总长度数值是 27.16 公里，共有车站 22 座，全部为地下车站。该条线路进行调控的管理中心有一个，停车场（上深沟）1 处。在地铁行车过程中，无线通信技术能够为其安全运行提供最基本的通话、呼叫、数据传送等业务的服务，同时对这个运行网络体系进行管理。沈阳地铁二号线无线系统覆盖范围为全部地下车站、隧道区间，以及停车场区域。地下车站的设备区、站厅、出入口采用室内天线进行场强覆盖，地下车站的站台及隧道区间采用漏泄同轴电缆（简称漏缆）进行场强覆盖。停车场采用室外定向天线进行场强覆盖。

　　沈阳地铁二号线专用无线系统使用的是 800 M 频段陆地集群无线电（TETRA）数字集群装备作为主要的通信系统，在一号线专用无线系统基础上进行的系统扩容，在十三号街车辆段控制中心建立联系，实现各路设备的无线交换，而这些设备与基站之间是通过星型模式完成连接的。控制中心同时设置集群网络设备及网络管理设备，以完成系统参数和用户参数的设置管理及系统设备故障告警、事件存档记录的功能。数字集群通信系统其实是对数字时分多址（TDMA）技术的应用。通过对数字集群系统应用，可以实现同一技术平台上指挥调度、数据传输和电话沟通等工作的同步进行。该调度系统包括 5 个调度子系统：行车调度、防灾调度、环控调度、维修调度和车辆段调度。系统采用欧洲宇航防务集团的 TETRA 设备。本工程无线通信系统在沿线的 22 个地下车站设置 22 套集群基站，停车场设置一套集群基站。全线共设置 23 套集群基站，完成对全线车站、隧道区间及停车场的无线场强覆盖。因医学院站至师范大学站区间较长，为了保证信号覆盖强度，在师范大学站设置光近端机，将光远端机设置在医师区间，利用光纤将信号拉远，以完成此区间的场强覆盖。

　　沈阳地铁采用的是在隧道中间将两根漏缆连接的模式，使用这种设计规划的原因主要是：在越区切换前后信号均较强，越区切换平稳；缺点：切换点不可控。经测试，在隧道区间较短的情况下，会出现移动台在下一站车站进行越区切换的现象，上一站信号经直通漏缆传输至下一站车站后才降低至切换门限电平以下，最终采用降低基站发射功率、调高切换门限电平值的方式将切换点调整至隧道中部。还有一点需要注意，在使用隧道间漏缆直接连通的方式时，依次排列的 A、B、C 三站中，除 B 站与 A、C 两站信号不能相同外，A、C 两站信号也不能相同。否则，当 A、C 两站信号相同时，如果基站发射信号较大，容易在 B 站造成越站或同频干扰。

为了保证在特殊紧急情况下，基站与交换机通信中断时仍能保证有限的指挥调度通信，欧洲宇航防务集团的 TETRA 基站还能提供故障弱化功能，即独立地为本基站内的用户提供基本的通信服务。交换机 DXT 和基站都会监测彼此的通信状况，一旦通信中断，且通信中断持续了一段时间后（时间长度可设定），基站会自动进入单站模式，并将单站模式的信息广播给基站下的所有移动台。收到本站进入故障弱化模式的广播信息后，基站下的移动台会自动搜寻按广域集群工作且信号强度足够相邻小区进行登记。如果无线终端找不到按广域集群工作且信号强度足够的小区，则它应停留在原基站上。

在单站故障弱化状态下，支持移动台临时登记，移动台的转组、组呼、紧急呼叫、迟后进入、优先级扫描和通话方识别等功能。

综上所述，地铁无线通信系统网络的良好运行，必须要借助于数字集群通信系统。数字集群通信系统为地铁固定用户与移动用户之间、移动用户与移动用户之间提供可靠的通信手段，对于行车安全、提高运营组织效率和管理水平、改善服务质量、应对突发事件提供了重要保证。

6.3.2 中国民航业数字集群发展及应用情况

中国从 1997 年开始制订中国的数字集群通信标准，主要参照 TETRA 和 iDEN 确定了两种集群通信体制在 2000 年发布了中国《数字集群移动通信系统体制》标准，标准中规定 TETRA 体制主要用于建设专用指挥调度集群网（如交通运输、、公安、、石油、紧急服务等）以及公众集群通信网，iDEN 体制主要用于公用集群系统网络的建设，806 ～ 821 MHz/851 ～ 866 MHz 频段为中国集群通信系统的工作频段。

由于 TETRA 系统可完成集群指挥调度、数据传输、短信、移动互联数据业务的通信及以上各种业务的点对点（移动台对移动台）的通信，基于 TETRA 体制在各方面的优势，中国民航业从 2005 年开始陆续在全国空管系统建设 TETRA 数字集群系统以替换原有的模拟集群系统。目前在全国民航空管系统建设已建和运营的 TETRA 数字集群网有：华东空管局、华北空管局、西南空管局、中南空管局、东北空管局、西北空管局等，已经在北京、上海、广州、成都、深圳、西安、昆明等各机场开通 TETRA 数字集群系统。其中西北空管局西安咸阳国际机场 800M 数字集群系统于 2011 年 11 月投入建设，2012 年 3 月成功替换原有的模拟集群系统正式投入运行。该系统由欧宇航 EADS 的 DXT3A 交换机、TB3 基站，调度台、网管等组成，系统容量 1500 用户，现有集群用户数 600 多部、群组数量达到 85 个，同时西北空管局所辖的甘肃、青海、宁夏空管局也正在建设 TETRA 数字集群系统。

以前，我国民航机场内移动调度通信系统主要采用单频、单工对讲系统，一般发射功率只有 2～3 W，采取点对点式的通信方式，通信距离只有 1～2 km，而且分组方式是按频率的不同进行分组，一个频道一个组，同组的用户均在一个频道内通话。如果用户数量不多，则相互之间干扰不大。但随着业务量的不断增加，用户机数量也不断增加，作业区域不断扩大，原来的频道因频率资源紧张而又不能相应增加，致使调度通信发生严重堵塞；或因覆盖区域小或屏蔽现象，经常造成通信不畅，严重影响了调度工作的正常进行。

集群通信系统属于专业调度移动通信，其工作体制为大区制，即有中心站，可以覆盖较大的范围·通常情况下，不需转发器，其覆盖半径可以达到 30～40 km，与常规对讲系统相比具有以下优点：

①节省频率资源，信道利用率高。系统采用空闲信道自动分配，所有用户机共享所有信道，有效提高了信道利用率；

②分组功能强。系统可采用灵活多样的分组方式，极大地满足了专业通信的要求；

③通话保密性好。各用户机及通话组分别有其独立的识别码。识别码不对，则听不到有关的通话，这样就起到了保密的作用；

④覆盖范围大。集群系统配有转发器构成的基站，大大提高了通信距离；

⑤接续速度快。集群系统的计算机管理以及合理的心令交换，使得集群系统的接续时间比常规对讲系统少得多，所以集群系统的堵塞率很小；

⑥增加了系统的用户容量。信道的共享，使系统中的用户获得信道进行通话的时间很短，在保持原有通话质量的基础上，就可以适当地增加系统用户的数量。

1.系统由模拟向数字化升级

近年来，随着数字集群通信技术的日益成熟，模拟集群已不能完全满足对指挥调度信息传输和78沈阳大学学报第17卷综合业务不断增长的需求，集群通信数字化已成为集群通信发展的必然趋势。数字集群通信技术改变了模拟集群系统功能单一、系统容量小、设备价格高、技术陈旧、效率低下等弊端，它具有全新的技术体制、灵活的通信构架和强大的服务功能，能提供话音、数据、图像等多种通信服务。

2.集群系统向网络化方向发展

由于集群系统是专网专用，限制了集群通信优势的发挥，就民航在各地的集群系统而言，可以考虑集群系统全国联网，把目前孤立分散的系统连接起来，实现小系统向大系统的转化。联网后的集群系统覆盖范围扩展到全国，可以方便地实现全国范围内的统一调度指挥、数据传输、信息查询、无线传输等业务，提高系统的运用能力。集中地使用宝贵的频率资源，使这些频率为更多的用户服务，真正发挥集群通信频率、覆盖区、通信业务、生产信息共享的特点；同时，集群系统还可实现与企业办公互联网（OA系统）和公网的连接，用户能够方便快捷地利用终端收发电子邮件，查阅气象信息、航班动态及相关业务信息，使系统功能不断完善。

中国民航空管系统数字集群的发展思路中国民航空管系统提供的集群通信业务主要服务各机场运行单位，如空管调度、机场安全、车辆管理、航空公司、飞机维修、机场维护、地勤服务等内部通信业务，民航机场运输服务的性质决定了集群通信业务要求具有实时性强、可靠性高、保密性强、业务量大等特点，同时民航各单位在机场的业务网点分布相对分散，业务类型多而各单位之间或不同部门之间多有密切联系，集群通信系统作为一种用于集团调度指挥通信的移动通信系统，为民航各单位提供了快速高效的移动通信指挥调度手段，在保障飞行安全及各驻场部门的正常运营中发挥着不可替代的重要作用。

现今世界已经进入高度信息化、信息移动化的时代，信息化的水平高低已经成为衡量民航业现代化程度的重要标志。民航空管系统更是一个高度依赖信息、通信的专业领域，在信息化的网络时代，人们对通信网的依赖越来越强，尤其是对于移动通信、移动信息的获取有了更高的要求，这就要求数字集群系统在提供安全、准确和优质的语音通信的基础上，需要进一步发挥数字集群系统在数据传输、信息提供、电话互联等方面的优势，为用户提高服务品质、提供灵活多样的信息服务。

由于民航空管系统数字集群服务对象的特殊性，属于民航专用网络，专网一定要从"专"字上下功大，要结合民航行业各使用部门的特殊性提供特色的服务，如基于航班号的拨号、航班动态查询更新、短信彩信业务、旅客廊桥控制协调、机场保安控制、人员车辆定位业务、图像传输、信息共享、移动互联网等功能，要将数字集群终端转变成为一个个移动信息交互平台，构造一个移动通信专用信息网络，为指挥调度及时提供必要的信息支持。同时为加强民航各机场之间的直接联络通信，可以考虑将各机场之间的数字集群系统进行联网对接，做到不同地域机场之间也可以通过集群终端进行语音通信、信息通报等，为民航业内联合处置紧急情况、航班调度、及时通报航班信息、协调航班延误等方面提供及时高效的通信手段。

6.2 信息管理集群通信系统的发展思路

集群通信系统是多个用户（部门、群体共用一组无线电信道，并动态地使用这些信道的专用移动通信系统。与其他移动通信系统类似，集群系统的发展也经历了从模拟到数字的演变过程。数字集群通信系统相比较模拟集群通信系统存在着几点明显优势，首先它采用先进的调制解调和数字编解码技术，并运用数字信令方式提高了通信效率；其次数字集群通信系统在抗无线信道衰落、高频谱利用率、高安全性和多业务支持等方面也占据了显著的先机，它能够提供电话互联，短数据信息收发，指挥调度等多种业务形态；另外，对于一些特殊的领域和部门（比如、公安、政法、消防等），数字集群系统能够高速和高成功率的建呼叫，并以其高效的通信手段和指挥调度能力为社会发展做出了杰出的贡献，也创造了较高的社会、经济效益。

互联网的快速发展使宽带多媒体专网系统有了更高的要求和业务需求。传统的语音和短消息业务是通信系统的基础业务，宽带多媒体集群通信系统在此基础上，增加了现场视频和高速数据传输等业务。同时，语音业务作为集群通信系统指挥调度功能中最重要的手段之一，则拥有两个比较明显的特点：第一，高实时性和易操作的短数据业务是语音的补充业务；其次，视频图像不仅直接和客观的反映了各类事物的真实信息，同时也是调度指挥人员对现场情况进行分析和做出判断的有力依据。

宽带多媒体集群调度系统在保证了语音、图像、视频以及分组数据业务实时传输的同时，集群调度中的指令也应当得以正确记录便于后期回应和追查通话的历史信息，因此媒体存储也成为调度系统不可或缺的环节和控制手段。

基于现有的专有通信网的发展，本课题主要设计思想是将常规通信系统中的呼叫控制单元从交换机中分离出来，形成审独的控制层面，通过标准传输控制协议与自定义的录音录像控制协议（以下简称为相结合，能够整合语音、数据与图像等业务信息，在媒体设备、媒体网关和调度控制台的配合下，借助于软件程序控制的方式来实现对各种控制信令进行协议转换，保证了录音录像功能的正常进行，从某种程度上来讲这种方式也实现了网、网等不同网络的互联互通，另外对于后期开发提供网络增值业务也是一个不错的解决方案。

6.2.1 创新是发展之本，创新是可持续发展的灵魂

创新包括技术创新、业务创新、应用创新、服务创新、内容创新、集成创新、销售创新、市场模式创新、合作策略创新等各种各样围绕市场与产业可持续发展的创新，而其中技术创新通常是基础，是关键。技术创新中能有"杀手锏"技术当然更好，但能有效组合细分市场的现有各类技术（要可靠、有效的技术，而不是"概念性"技术），也能实现技术创新。

要创新，特别是持续不断地创新，一定要有一种坚定的理念与奋斗动力，要有一种坚韧不拔、永往直前、科学务实的奋斗精神，才能达到成功满意的目标。

为促进数字集群向前发展，更有效地利用有限、宝贵的频谱资源进行技术创新，积极跟踪关注一些对频谱有效利用和无线通信业务更新换代产生重要影响，并具有普遍意义的新技术十分有益，这些新技术主要有：

1.频率域、时间域、空间域、信号域以至网络域、显示域的多维信号处理与多维频率共用技术，包括多输入多输出（MIMO）技术在内。

2.从信源编码至信道编码中的一系列现代编码/调制技术，特别是 H.264/AVC（MPEG-4 Part10）音视频数字压缩编码技术，并联、级联编码范畴的 Turbo 编码调制技术，多分辨率编码调制技术，不对称传输环境下的 UEP 码技术，LDPC（低密度校验码）技术等，包括 MIMO/SBTC（分组空时码）、Turbo/LDPC 码、（x）-OFDM（y）级联运行技术在内。

3.有效的自适应信号处理与统计检测技术，包括自适应干扰抵消及多用户联合检测在内。

4.高效率扇区天线，智能天线，智能化分布式天线及相应空时编码技术与软件无线电技术，包括其高效率、高可靠算法，可以有效提高频谱再利用能力及系统效率。

5.多扇区多小区综合业务平台技术和多操作者运行的联合共用平台技术，包括有效利用共网资源的调度算法。

6.涉及 NGN 及 NGBW 的软交换技术、IP 及全 IP 的自适应 IP-QoS 技术、中间件技术及网络/终端信息安全技术等一整套软件工程技术。

7.与区域联网及全国联网相关的联网技术，包括有利于产业发展，可动态适应市场演变以适应不同频段，FDD/TDD 可灵活安排的可变双工技术。

8.与 NGN、NGBW、WBAN/WPAN/WLAN/WMAN/WWAN 相连接的应用协议与先进的接入技术。

9.与 NGN、NGBW 相关的 IP/全 IP 环境下具有强力自适应智能网管能力的 NG-OSS/BOSS/MBOSS 技术。

同时，进入宽带时代后应充分重视市场细分条件下的"杀手锏"技术、"杀手锏"业务、"杀手锏"应用及他们间的相互关系问题。

对既有 TETRA、iDEN 数字集群系统需加大竞争压力，切实解决好多厂商供货的互操作性。要强调标准化与竞争中合作问题，努力创新，加强性价比竞争力，改进安全、保密性以充份适应用户需求。

对目前已呈现的 GoTa、GT-800 等具有自主知识产权的系统应予以积极鼓励与热心支持，并促进其参与商用试验，在试验与应用中应借助市场的驱动力快速改进完善。GoTa、GT-800 等新系统一方面应充分利用其在高速多媒体增值业务能力、前向演进潜力和安全保密处理能力等方面的优势，另一方面亦应充分认识到自身在专用通信领域作为后来者的弱点与不足，紧紧抓住市场机遇，快速持续创新提高，求真务实，积极稳健推进。

在多厂商多空中接口制式环境情况下，特别应强调开放性，服从标准化及公共接口要求，包括有效协调、集成、处理各管理域系统的动态、分布、异构的信息库和应用系统，团结协作，共同努力，以确保全国/省级等大区域整体运作的社会应急联动系统能有效互联互通，共享资源，协同工作，发挥出全社会应急联动的真正实实在在的作用，出色地支持好 2008 年北京奥运会及 2010 年上海世博会等重要国际、国内活动，以及有效地对抗后"911"、SARS 和自然灾难等各类突发事件，并能维持多厂商环境下运营商及用户利益的最大化。

早期的专用移动通信主要由点对点无线电对讲机来完成，在上世纪 80 年代初发展成为单频道、单基地台的模拟系统，但只能提供语音通信功能；后来通过不断发展，形成了多频道、单基地台系统，可以利用多频道提供话音及非话音业务，且功能日益增多；在引入多频道共享技术之后的 1985 年发展成为第一代模拟集群通信系统，即多频道共享的单基地台或多基地台通信系统，并于 1987 年投入商用。多频道集群通信系统的控制器由几个信道形成一群，自动搜索可用信道给用户使用，因此，该系统平均每频道可提供的用户数较多且效率也较高。

随着数字技术的发展，集群通信系统已经开始向第二代的数字技术发展，其频谱利用率比模拟系统大为提高，且具有更大的容量。为了更进一步提高频率使用率，集群通信系统出现了将多个集群系统结合在一起统一管理，共用频道和信道，共享覆盖区域，通信业务共担费用等朝着公众使用的方向发展。现代的集群通信系统除了具有通话功能之外，还有命令传输、遥测、遥控等功能。

目前市场上较为成功的数字集群通信系统主要有欧洲的 TETRA 和美国的 APCO25 两个标准，TETRA 的相关厂商在结合无线应用协议、网际网络协议的各个方向表现出积极的态度，相当具有发展潜力；而 APCO25 的空中接口有两大特色，一是具有很强的纠错能力，增强了通信范围，二是持续性的传送识别码及同步加密资料。

随着我国现代化进程的加快，经济建设对的需求越来越大。一旦供应出现中断，将会给国民经济带来巨大的损失。建立一套快速的设施修复机制，将供电系统因故障中断带来的损失降至最低，成为目前亟待解决的问题。

目前国内大多数应急抢险通信系统采用卫星通信技术、或者超短波技术等单一的通信方式。与传统的通信和传输方式相比，卫星通信可确保在任何情况，包括地面网络无法覆盖或无线通信网络基站遭到破坏的情况下，及时、快速、可靠地提供宽带多媒体通信服务，实施快速救援及应急指挥。但该系统的建设和运营成本较高，因此，应急通信系统在应急抢险救灾中也可采用多种实用的通信系统，包括向运营商租赁高速率的话音、图像和数据传输链路，以及多系统组成的通信链路等。也可根据实际情况来及时建立必需的应急通信网，将之迅速转变为应急战备状态，保证各种通信指挥系统畅通无阻。

早期的应急指挥通信系统沿用的技术体制基本上只实现了点对点、单一业务通信。随着通信技术的快速发展，上述方式提供的图像和语音信息已经无法适应当前应急抢险通信指挥的需求，也不符合未来通信发展的趋势。

因此，为了适应新形势下应急抢险、多点通信指挥系统的需求，重庆市公司携手深圳市邦彦信息技术有限公司共同开展了信息管理指挥通信系统的研发，并根据重庆地区地理位置和特点，建立了一套集多种通信手段于一体的应急指挥通信系统。

6.2.2 信息管理集群通信系统的发展思路

1.业务需求

重庆市公司为满足在自然灾害情况下抢险救灾的需求，计划建立一套有效的应急通信指挥系统，实现指挥中心与现场的可视通信指挥，以及灾害现场视频监控和调度一体化、多点协同指挥（视频会议）功能，确保在灾害中实现对设施的快速抢修。

系统建设之初，重庆市公司便以高性能、高标准、开放性以及适应未来通信技术发展方向作为系统建设的指导方针。要求将可视化调度、视频监控、视频会议、文本（字幕）通信等技术手段有效整合在一起，通过上传视频信息到指挥中心和领导办公室，为上级调度决策机构提供一种"身临其境、现场指挥"的环境，以图像和文本（字幕）作为双方调度沟通的依据，以利于准确、快速决策。

考虑到指挥决策者可能不能及时出现在抢险指挥中心，要求系统支持通过调度数据网或者 Internet 远程登录，实现远程可视指挥。

2.系统规划

结合系统应急抢险的特点以及各种应急系统通信 Vol.30 No.2002009 年 6 月 10 日 Telecommunications for Electric Power System Jun.10，2009 ·33·抢险情况的差异，项目组对当前系统事故的原因、现场环境、指挥关系、抢修经过等进行了系统分析，对目前各种通信手段和各种指挥调度系统进行了深入研究，并对各种技术体制、各类产品进行了充分的比较，最后结合系统现有的接入和传输设备，制定了一套采用多种通信方式和手段，具有高适应性、高性能的应急指挥通信系统。

考虑在应急指挥通信中，现场人员需要在一定范围内（500 m）实现空间移动，而现场所处的地理位置可能是森林、山地、河流等各种复杂的地理环境，因此，现场终端设备要求必须采用无线终端设备实现接入，并且要求终端设备可以实现语音和视频图像的传输。

要保障现场的图像和声音信息可靠传输到指挥中心，结合重庆地区多山的地理特征以及各布放光纤的站点距离最远在十多千米内的特点，系统采用背负式光纤综合业务接入设备实现现场视频和语音信息的接入，由开闭所或变电站将数据传输到指挥中心。

为了增加系统在实际抢险工程中的可操作性，系统引入 FSO（Free Space Optical，自由空间光）传输技术和设备，以便在无法布放背负式光缆的情况下，通过 FSO 设备实现数据的中继透明传输。

考虑到应急抢险通信系统中必须采用便携式电池供电，因而，整个系统设计基于自供电技术。

最后，为了保障系统在各种情况下，都能实现现场和指挥中心通信通道的通畅、实现现场数据的接入，系统还预留了卫星通信、短波通信、CDMA 通信和 GSM 通信的接口，以确保在最差环境下，可以实现最基本的语音通话。

3.现场应急网络组建

经过重庆市公司专家小组和深圳市邦彦信息技术有限公司的技术人员一年多的研究分析和系统开发调试，按照系统的规划建立了一套完善、高效能的应急指挥通信系统。

系统主要由指挥中心、领导办公室、户外现场、户内现场等几个部分组成。

在指挥中心，系统由指挥调度软件、视频服务器、录像服务器等几个部分组成，其中指挥调度软件可以与远端终端设备实现视频通话功能，并能对部分站点进行可视监控；视频服务器和录音服务器主要实现基于 SIP 的视频通信和视频会议功能，并对语音和图像进行实时记录存储。

为了实现远程指挥，并保障省公司与国家电网协同指挥，在国家电网领导办公室设立软指挥终端，保障上级总指挥对指挥中心和现场进行远程调度。

6.2.3 数字集群通信系统的发展思路

集群通信网络的发展来自于公共移动通信网络的发展和带动，公共移动通信网络从模拟化到数字化，从单一的语音通信到大流量的数据通信的发展过程也代表了集群通信网络的未来发展方向。因此，集群网络的建设，特别是覆盖方位广，容量巨大的集群共网的建设，也应该考虑到网络的未来发展。使网络建设具有可持续发展的空间。在网络的建设初期，要预先进行深入而广泛的市场调查，对网络覆盖区域的用户发展形势有一个客观的了解，进而确定初期网络的建设规模。在网络建设中，要充分考虑网络运营中的各种问题，既不能盲目铺开建设，造成不必要的浪费。也不能过渡谨慎投资，影响网络建设速度和质量。网络建设要优先覆盖重点区域、并以其为核心构筑覆盖该地区的集群通信网络。同时，网络的建设考虑到网络的后期持续发展的能力，合理布局并预留一定的网络资源，保证网络能持续而稳定的发展。

我国信息管理部门对支持我国数字集群通信发展做了很多的国内工作，如制定了我国数字集群的行业知道标准、提出了数字集群通信网络的运营思路、批准并鼓励一些非基础电信公司与基础电信运营公司合作等一系列工作。对我国发展数字集群通信提供了良好的基础。但数字集群通信网络不同于公共移动通信网络，它能在公共事业上发挥巨大的作用，体现的社会价值要远大于其经济价值。因此，在数字集群通信网络的建设和发展过程中，就不能单纯的以公共通信网路的建设和经营思路来经营集群网络，信息管理部门应更多的参与集群通信网络的建设，发挥其管理和协调作用，给集群通信网络建设和业务推广以支持。同时，在集群通信网络的运营过程中，信息管理部门也要积极的介入和引导。集群通信不同于公众通信，其用户对网络的功能要求各异。过度的市场竞争会使得网络用户分散，网络服务功能弱化或相似，这都不利于发挥集群通信的社会效益。城市内不同的集群网络在建设初七要具有清晰的市场定位，使其为不同的网络客户服务，避免出现功能相似网络的重复建设，更不能使集群网络过多介入公共移动通业务，影响当地的通信格局。这些需要信息管理部门发挥对网络建设的管理作用。

数字集群通信系统是在第二代公共数字移动通信系统上发展起来的，它采用了数字信令方式和语音数字编码技术，使得网络内传输的信号全部是数字信号，因此其接续速度快、可靠性高。除了具有无线电话系统的全部呼叫功能外、它还具有更适合指挥调度网络的紧急呼叫、动态重组、呼叫限时等功能。随着公共数字移动通信系统的技术的发展，其大量成熟的、先进的数字技术的发展过程中，需要重点关注以下几个方面：

1.数字化技术及其辅助技术

真正的数字集群通信系统在各个环节上都是要数字处理的，除了数字信令外，其中最重要的是多址方式、语音编码方式、调制技术等。同时、实现数字通信后，还需要一些新的辅助技术来配合，如同步技术、分集技术以及检错纠错技术等。由于数字集群通信系统要求具有较高频谱利用率、较强的信号抗信道衰减能力、高保密性要求、易于开发多种业务服务以及有效、灵活的网络控制等功能。其网络的数字化技术要求会进一步加强。

在我国投入使用的数字集群通信系统网络中，各个网络数字化技术的应用各有特点，也各有不足，TETRA 系统具有很强的保密性和调度功能，但其也有缺点和不足，如：采用 GPS 同步方式给安全带来隐患；现有系统不能支持小区分裂的分集技术，也给网络质量提高带来不便。iDEN 系统功能强大，适合大区域共网运营，但指挥功能较弱，不支持应急网络重组和孤岛基站技术，这些也需要逐步改进。我国自主开发的 GT800 和 GoTa 系统，均是在公共数字通信系统的标准上开发出来的，在指挥和调度功能上还具有很大的开发和应用的空间。

2.多功能智能网的开发

由于集群通信系统中用户行为的不同，对网络的功能要求也不尽相同。因此，需要在实现基本业务的同时，加大对数字集群网络中多功能智能网的开发。上海脉公司在 iDEN 数字集群系统中开发的 iDEN。VPN 接入平台，就是智能网开发的成功范例，其通过 VPN 对拥有不同等级的虚拟专网用户设置不同权限，从而拥有对网络内用户和用户终端设备的全部和部分管理权限。即保障了用户的个性化和安全性要求，也降低了运营成本。

3.系统安全可靠性

集群通信系统不同于公共移动通信网络的重要一点是集群通信系统具有更高的网络安全性和系统可靠性。相对于公共移动通信用户，集群系统用户通信环境更恶劣，通信内容更秘密、通信中对网络的可靠性要求更高。因此，集群通信系统给的系统安全性和可靠性是其赖以生存的基本条件。目前的集群通信系统中，数字化的应用，特别是 GoTa 系统 CDMA 技术的扩频技术的应用，已经极大提高了信息的安全性，但专网用户对网络安全性中硬件加密的要求还是无法在共网系统中满足。集群网络的可靠性要求，除了网络建设中对硬件采取有效的备份措施外，对于特殊环境的网络覆盖保障也日益增加，迫切需要更先进的技术和网络解决方案。

4.向 3G 技术的过过渡

随着 3G 时代的到来，3G 技术的应用已经使我们看到了通信网络的发展方向，更安全可靠的网络服务，更强大的网络功能以及更广阔的应用范围。数字集群通信网络的飞速发展也同样离不开 3G 技术的发展和应用。由于数字集群通信的特点，我们在 3G 技术应用中也不是一成不变的照搬公共移动通信网络的成熟技术，也需要结合网络特点进行有针对性的开发。

为了保证现场信息到指挥中心的可靠传输，系统采用了多种传输接入技术，包括 MSTP 多业务光传输通信、以太网数据通信、无线 WiFi 通信、短波通信、卫星通信、无线红外激光通信等多种通信手段。采用的设备主要包括综合业务接入传输设备、无线自由光通信设备、无线接入设备和背负式远端设备。

5.背负式远端设备及无线接入设备

为了保证现场图像信息上传到指挥中心，背负式远端设备采用基WiFi+UHF 的无线通信方式接入无线接入设备；无线接入设备则采用以太网数据通信接口与综合业务接入通信设备互连，系统通信扮演背负式远端设备及有线网络的桥梁， 实现数据传输。无线终端设备的无线部分采用最新研制的无线模块，由进口全向天线组成，使用功率可达 1 W 的 2.4 G 功率放大器。根据实测数据，背负式远端设备和无线接入设备之间可以在 700 m 范围内实现高清图像数据的可靠传输。

背负式远端设备支持 Camera 和 DV 输入，最高支持 1080i 高清视频图像信息的处理和传输，并能够根据传输通道信号质量， 动态调整视频图像的分辨率。系统向下兼容支持 720P 标清图像标准、4CIF 高清监控图像标准等多种图像标准。由于背负式终端设备采用外接摄像头，增加了视频采集点的机动性能，可以避免因树木等障碍物阻挡引起的通信中断，保障无线通信的可靠性和稳定性。

系统采用外置供电技术，采用 12 V，7 AH 的免维护蓄电池供电，由于远端设备采用低功耗设计，系统的平均功耗低于 15 W。因此，单电池可以保障系统持续工作 4 h 以上， 并可通过更换电池保障更长的工作时间。

6.综合业务接入通信设备

综合业务接入传输设备是一套基于 MSTP 的多业务传输接入设备，能以多种方式实现数据的接入和传输。

综合业务接入传输设备与无线接入设备之间通过以太网数据接口通信，实现远端数据接入，设备支持通过光纤接口实现的数据传输。在实际抢险工作中，通过布放背负式光纤，可以将综合业务接入设备接入到最近的开闭所、变电站，然后通过支线光缆实现数据到指挥中心的传输。

综合业务接入设备采用军工级芯片设计，可以适应－40～＋75 ℃的环境温度，系统采用全密闭结构，防尘防水，适用于任何恶劣的户外气候条件。设备支持多种供电方式，支持 12 V 直流供电和 220 V 交流供电，系统功耗小于 35 W，可以利用电池和汽车供电。

为了保障系统在无法通过光纤进行传输的情况下，仍能保持与指挥中心的通信连接，系统预留了卫星终端设备接口，可以在能利用卫星的条件下，通过卫星实现通信，保障图像和语音信息的传输。除此之外，系统还支持与短波电台、CDMA 终端设备、GSM 终端设备相连，保障在任何情况下实现语音和文字信息的传输。

7. FSO 设备

考虑到重庆山城的特殊环境，为了增加系统在实际抢险救灾情况下工程施工中的灵活性，系统引入了自由空间光交换设备，该设备可以实现各种帧结构数据的透明传输，保障在无法或不利于背负式光纤布放时，利用 FSO 设备实现数据中继传输。

FSO 设备采用红外激光实现数据传输，最高传输带宽可达 1.25 Gbit/s。考虑到天气情况，根据实际测试，在晴朗或中小雨天气中可保障 3.5 km 的可靠传输。

8.指挥调度软件系统

根据系统的要求，专门为指挥调度系统开发了一套可视指挥调度系统软件，安装于基于 Windows 操作系统的计算机上。

可视指挥调度系统分为指挥调度软件和桌面终端软件，指挥调度软件可以实现对 64 个终端的语音通信，并能保障最大 6 个终端视频通信或视频监控。系统除了能够显示现场 DV 或 Camera 采集的图像信息外，还能显示固定点的图像监控信息，并可以实现对监控点的远程控制。桌面级指挥终端软件可以通过调度数据网或者 Internet 登录到可视指挥调度系统，实现远程协同指挥通信。

9.集群通信系统的发展状况

集群通信系统是多个用户（部门、群体共用一组无线电信道，并动态地使用这些信道的专用移动通信系统。与其他移动通信系统类似，集群系统的发展也经历了从模拟到数字的演变过程。数字集群通信系统相比较模拟集群通信系统存在着几点明显优势，首先它采用先进的调制解调和数字编解码技术，并运用数字信令方式提高了通信效率；其次数字集群通信系统在抗无线信道衰落、高频谱利用率、高安全性和多业务支持等方面也占据了显著的先机，它能够提供电话互联，短数据信息收发，指挥调度等多种业务形态；另外，对于一些特殊的领域和部门（比如、公安、政法、消防等），数字集群系统能够高速和高成功率的建立呼叫，并以其高效的通信手段和指挥调度能力为社会发展做出了杰出的贡献，也创造了较高的社会、经济效益。

纵观全球，数字集群市场发展并不平衡，亚太、中东和非洲这些处于快速发展阶段的国家相比于欧美等发达国家具有更大的市场发展潜力。而在我国，随着近年来工业化与信息化融合的稳步发展，交通运输、能源、金融、物流等行业已经充分认识到信息化改造对提升竞争力的重要性，同时也对能够将安全生产、管理等功能融合到本行业的专网有迫切需求。要求从企业的实际情况出发，实现对各系统间的数据共享和生产过程的实时监控和管理，实现生产调度部门对现场数据进行准确、高效的指挥调度。另一方面，近年来自然灾害频发，雪灾、地震等自然灾害发生时，需要将救灾现场的大量语音、数据、视频信息传递到各个应急指挥部门，帮助各应急指挥部门制定决策、及时向公众和世界报道救灾实况；国家在承办重大集会时，国家公共安全部门也需要通过专网维持秩序，应对突发情况，这都要求加强国家对于公共安全、紧急事件处理、大型集会活动、救助自然灾害、抵御敌对势力攻击、预防恐怖袭击和众多突发情况应急反应的能力，做到迅速布设网络，保障重要信息的传输，快速有效地指挥发令。

以语音业务为主的窄带集群系统已不能满足用户需求，行业用户要求专网在提供语音业务的同时，还要提供数据、图像、视频等多媒体业务。这就对集群专网提出了更高的要求。

6.2.4 应急系统的通信业务需求

6.2.4.1 关于应急通信系统的使用要求

目前，我国已经认识到应急通信系统的重要性，因此我国各个部门已经配置了不少应急通信系统和设备，并且积累了相当的使用经验。但是，对于应急通信的功能需求和系统建设目前仍存在不少值得讨论的问题。例如：在国务院应急办主持召开的一次应急通信系统鉴定会上，国家许多部门的应急通信主管人士参加会议，并讨论了许多基本问题，其中包括下列这些问题。应急通信是否需要"动中通"有人说：现有的卫星通信车辆在砂石路面上移动过程中通信时断时续，不能满足使用要求；有人说：到达目的地静止通信就足够了，在砂石路面上"动中通"没必要，也无法实现。应急通信究竟需要什么样的车辆，有人说：通信车要保障足够的容积、载荷和越野性能。有人说：现在根本不存在这种车辆。

应急通信是否需要加密，有人说：应急通信不需要加密。有人说：应急通信必须加密。有人说：按现在的规定，应急通信不管如何加密都是违反规定的。应急通信究竟宽带化或者窄带化，有人说应急通信应当窄带化，以求简化；又有人说应急通信应当宽带化，以求完善；还有人说应当把窄带业务与宽带业务分开，否则什么样的通信设备都不能满足要求。关于图像业务需要什么样的业务质量，一种使用要求是保障动态图像业务，而且要求广播级动态图像业务；另一种使用要求是没必要保障广播级动态图像业务，只要提供高清晰度静态图像业务就可以了，例如灾情评估。

可见，我国应急通信界对于应急通信设施某些使用要求还没有统一。可惜的是应急通信主管人士对于应急通信使用总体要求尚未予以充分关注，因而对于各种应急通信的使用总体要求未作全面深入地讨论。其后果可能导致应急通信技术体制存在着严重缺陷。

6.2.4.2 突发事件发生之前对于应急通信的需求

在应急概念讨论中已经说明，所有突发事件都需要事先监视和预测。这样做的目的是尽可提前发出可能发生突发事件的预测，尽可能快地发现和证明灾害已经发生。这就需要通信系统支持突发事件监视和预测系统。

突发事件发生之前，对于应急通信的需求可以分为两类：国家重大突发事件监视和预测，地方多发突发事件的日常应对。国家重大突发事件的包括：地震、水灾、火灾、疫情、恐怖事件等；地方多发突发事件包括：地方性的刑事案件、政治动乱、恐怖事件等。这些监视和预测都需要通信系统支持。

6.2.4.3 支持国家重大突发事件监视和预测的通信系统需求

1.支持预测和确认国家级重大突发事件。

2.电信业务：主要是大量的数据业务。

3.工作环境：建设各级政府部门的固定监视和预测中心，监视和预测中心能够采集来自全国的监视和测量数据。

4.设计目标：保证业务质量，尽可能提高网络资源利用效率，尽可能改善电信网络安全性，信息内容尽可能保密。

5.使用配置：国家各级政府纵向管理，各级政府监视和测量本辖区是否发生了突发事件；政府各个职能部门横向管理，政府各个职能部门监视和测量相关职能方面是否发生了突发事件。可见这种监视和测量是涉及到多个国家部门，通过纵横两条线进行监视和测量，纵横管理线最后归结到中央政府。

6.2.4.4 支持地方多发突发事件的通信系统需求

1.基本用途：支持发现和处理本地多发突发事件。

2.电信业务

-报警业务：固定电话、固定传真、移动电话；话务量要求满足整个城市或者整个管辖区域的报警需要。

-处警业务：数据、电视、固定电话、固定传真、移动电话；话务量要求满足整个城市或者整个管辖区域的处警需要。

3.工作环境：建设固定指挥中心，保障指挥中心能够沟通整个城市或管辖区域。

4.设计目标：保证业务质量、尽可能提高网络资源利用效率、尽可能改善电信网络安全性、信息内容尽可能保密。

5.使用配置：各个城市或者各个管辖区域独立管理，例行向直接上级请示上报，与相邻城市或者区域协同配合。

6.2.4.5 突发事件发生之后支持抢救工作的应急通信需求

在应急概念讨论中已经说明，突发事件发生之后的第一要务无疑是抢救。其间可能出现异乎寻常的大量的组织工作。突发事件发生之后的抢救工作是一种短期的、需要广泛协同的、高强度群体行为。这就要求应急通信系统必须能够有效地支持这些抢救工作。

突发事件发生之后，对于应急通信的需求可以分为 5 类。

6.2.4.6 支持灾区最高指挥员实施现场指挥的通信系统需求

1.基本用途：支持灾区最高指挥员实施现场指挥。

2.电信业务：固定电话、固定会议电话、电视、图像；业务量要求确实保障灾区现场最高指挥员的需要。

3.工作环境：配置专用机动指挥所，以指挥所为中心覆盖整个灾区，指挥所有参与现场抢救的群体；同时能够与中央和附近的市政府、省政府及军事基地保持热线通信。

4.设计目标：保证业务质量、保证信息内容安全、尽可能改善电信网络安全性、尽可能提高网络资源利用效率。

5.使用配置：一个灾区只设置一个现场抢救最高指挥所，配置一个支持最高指挥的应急通信网络。

6.支持现场抢救的通信系统需要

基本用途：支持现场抢救指挥员实施指挥。

电信业务：移动电话业务。

工作环境：实施抢救的有限区域，抢救人员随身携带。

设计目标：保证电话质量，设备尽可能轻便。

使用配置：每一个抢救群体配置一套，支持现场抢救群体的领导者与群体成员之间协调。

6.2.4.7 现场电视转播系统需求

1.基本用途：支持转播现场状况。

2.电信业务：现场电视业务。

3.工作环境：灾区现场状况录像转播。

4.设计目标：保证电视质量，设备尽可能轻便。

5.使用配置：：一个灾区配置几套录像转播系统，提供中央电视台的节目供选择。

6.2.4.8 灾区现场应急通信技术支持系统的需要

1.基本用途：支持异频和异制电台之间互通、入网和延长传输距离。

2.电信业务：现存的各种军用或民用列装电台业务。

3.工作环境：灾区现场。

4.设计目标：保证互通功能，设备尽可能轻便。

5.使用配置：根据需要，一个灾区配置几套机动技术支持车辆。

6.2.4.9 灾区群众自救和呼救应急通信需求

1.基本用途：支持灾区群众自救和呼救。

2.电信业务：电话和各种可能的呼救信号。

3.工作环境：灾区现场。

4.设计目标：采用各种可能的设施，发送尽可能多的呼救信号。

5.使用配置：利用所有可能使用的设施。

6.2.4.10 灾区群众对外通信的需求

1.如果突发事件未彻底破坏本地公用电信网络，这时灾区群众对外通信主要依靠残存的公用电信网络资源。不过，这时的灾区抢救指挥也要首先争用这些珍贵的电信网络资源。所以，各个电信公司必须另外补充通信容量。

2.如果突发事件彻底破坏了本地公用电信网络，这时，公用电信公司必须配置机动电信网络来临时消除通信盲区。

6.2.5 应急通信与应急通信指挥概念

提到"应急通信"概念常常联系到"应急通信指挥"概念。因而有人常常把"军事通信指挥"概念引用过来，这种思路既有有利的方面，也有不

223

利的方面。积极的方面是尽可能寻求规律，制定应对预案，以改善指挥效能；不利的方面是国家财力难以支持，就是有了装备也没有能力支持应用。战争是国家生死攸关的大事，付出重大代价是迫不得已的事。为此，国家设立了国防部、总参谋部、军事科学院、总装备部以及大量下属的装备研究所。应用的是设施完备的永久性指挥所、机动指挥所以及作战单兵。如果应急通信也如法炮制，应对突发事件涉及到全国几乎所有部门，突发事件多种多样，由谁来统筹管理？如果一时难以实现统筹管理，必然出现分部建设。如果每一个部门都如"作战指挥所"那样完善，国家财力允许吗？即使允许，可能达到预期效果吗？回过头来，再看看应对突发事件的基本情况。

在突发事件发生之前，需要监视和预测突发事件是否可能发生?是否已经发生?这时需要广泛地、持续地进行监视和预测。例如：对地震、水情及疫情等突发事件的监视和预测。这时直接需要的是各种监视和预测系统，这些系统需要通信系统支持，而且这些监视和预测系统的主要建设成本是通信系统建设成本。这些系统通常不需要单独列出指挥功能要求，其中可能存在简单的指挥功能需求，通常可以由基本通信功能实现。

在突发事件发生之后的抢救阶段，即在生命可能持续的几天之内，大量群体进行广泛协同的、高强度抢救行为。这时最重要的是统一的通信指挥。问题是究竟需要什么样的通信指挥?可能实现什么样的通信指挥?总体看来这是一个与时俱进的事情。今天只能采用今天的系统和方法，明天必然采用明天的系统和方法。今天现实的问题是：简明的车载指挥所可以提供，但是通信传输系统不通，或者通信容量不能满足需求。看来，现实而言，目前必须首先解决应急通信问题。

在突发事件发生之后的恢复重建阶段，这时公用通信已经恢复，可以依靠公用通信网络支持，应急通信不再成为问题。同时，指挥可以充分利用军用硬件系统设施，自行开发应用软件。由此可见，指挥也不再成为问题。例如：城市联动统一系统利用完善的通信系统支持着完善的固定指挥所，城市联动统一系统在成功地支持着城市基层随时发生的突发事件的受理和处理。

6.2.6 信息管理与集群通信系统存在意义

当今社会，日益增多的大型集会类事件给现有通信系统带来极大的压力；同时，一系列的突发事件诸如地震、火灾、恐怖事件等不断地考验着政府及其相应的职能机构的工作能力、办事效率。提高政府及其主要职能机关的应变能力、反应速度越来越成为一个焦点的话题。在大型集会时，数以万计的人群集中在一起，某些区域的通信设施处于饱和状态，严重的过载会使通信瘫痪直至中断；在消防案例中，建筑物被毁严重时，楼体内的通信设施基本处于瘫痪状态，而现场周围的公用通信网无法完成指挥调度的功能，同时对图像、视频的支持度也比较低；在公安办案尤其是重大恐怖事件的处理过程中，国家、地方领导需要实时的掌握案发现场的状况，这时候图像、视频监控的地位尤其突出；更有甚者，在破坏性的自然灾害面前（比如上次的汶川大地震），基础设施包括通信设施、交通设施、设施等完全被毁，灾区在一定程度上属于孤城的状态，所有的现场信息都需要实时的采集、发送、反馈。在所有的这些情况下，无线应急通信系统是至关重要的。

应急通信体系在城市运转遭到突发灾害或事故时，承担着及时、准确、畅通地传递第一手信息的"急先锋"角色，是决策者正确指挥抢险救灾的中枢神经。应急通信只有在突发灾害来临时，真正及时、准确、畅通地传递抢险救灾信息，而不是紧急情况时的哑巴和瞎子，才能把好城市安全管理的第一道关。例如 2008 年 5 月 12 日，四川汶川发生 8 级地震，汶川等多个县级重灾区内通信系统全面阻断，昔日高效、便捷的通信网络遭受毁灭性打击而陷入瘫痪。网通、电信、移动和联通四大运营商在灾区的互联网和通信链路全部中断。四川等地长途及本地话务量上升至日常 10 倍以上，成都联通的话务量达平时的 7 倍，短信是平时的两倍，加上断电造成传输中断，电话接通率是平常均值的一半，短信发送迟缓，整个灾区霎时成了"信息孤岛"。

在不同情况下，对应急通信有着不同的要求。

1.由于各种原因发生突发话务高峰时，应急通信要避免网络拥塞或阻断，保证用户正常使用通信业务。通信网络可以通过增开中继、应急通信车、交换机的过负荷控制等技术手段扩容或减轻网络负荷。并且无论什么时候，都要能保证指挥调度部门的正常的调度指挥等通信。

2.当发生交通运输事故、环境污染等事故灾难或者传染病疫情、食品安全等公共卫生事件时，通信网络首先要通过应急手段保障重要通信和指挥通信，实现上述自然灾害发生时的应急目标，满足上述需求。另外，由于环境污染、生态破坏等事件的传染性，还需要对现场进行监测，及时向指挥中心通报监测结果。

3.当发生恐怖袭击、经济安全等社会安全事件时，一方面要利用应急手段保证重要通信和指挥通信；另一方面，要防止恐怖分子或其他非法分子利用通信网络进行恐怖活动或其他危害社会安全的活动，即通过通信网络跟踪和定位破毁分子、抑制部分或全部通信，防止用通信网络进行破坏。

4.当发生水旱、地震、森林草原火灾等自然灾害时，通信网络可能出现两种情况：

自然灾害引发通信网络本身出现故障造成通信中断，网络灾后重建，通信网络通过应急手段保障重要通信和指挥通信。应急通信的目标即是利用各种管理和技术手段尽快恢复通信，保证用户正常使用通信业务，实现如下目标，即应急指挥中心/联动平台与现场之间的通信畅通；及时向用户发布、调整或解除预警信息；保证国家应急平台之间的互联互通和数据交互；疏通灾害地区通信网话务，防止网络拥塞，保证用户正常使用。

目前，全球集群通信系统正从在无线接口采用模拟调制方式进行通信的模拟集群向采用数字调制方式的数字集群转换。与传统的模拟集群系统相比，数字集群系统可以提供更丰富的业务种类、更好的业务质量、更好的保密特性、更好的连接性和更高的频谱效率。正如公众移动通信已从模拟蜂窝电话转向数字蜂窝电话一样，集群通信从模拟向数字的过渡，也是历史发展的必然趋势。

参考文献

[1]郑祖辉，陆锦花，丁悦等.数字集群移动通信系统[M].第 3 版.北京：电子工业出版社，2008.

[2]刘立斌.数字集群通信系统平台搭建及业务设计[D].长春：吉林大学，2012.

[3]郑晓军.无线通信 TETRA 系统简述[J].科技资讯，2010，（1）：22-23.

[4]张保和.数字集群移动通信系统 TETRA 的安全性研究[D].成都：四川大学，2002.

[5]叶飞，汪海燕，傅海阳.iDEN 数字集群系统研究[J].湖北邮电技术，2001，（4）：9-11.

[6]郑祖辉.浅议我国数字集群通信标准的两种体制——TETRA 和 iDEN[J].当代通信，2003，（11）：7-10.

[7]陈杰，孙溪.TETRA 数字集群标准和 GT800 数字集群标准的比较[J].仪器仪表标准化与计量，2007，（01）：19-20.

[8]庞英文.GT800 新技术概述[J].移动通信，2004，（06）：61：63.

[9]颜迎春.数字集群技术及 GT800 系统新技术[J].广西通信技术，2004，（03）：
39-42.

[10]郑志彬，周剑.值得信赖的 GT800 安全性[J].移动通信,2004,（06）:69-70.

[11]郑祖辉，陆锦华，丁锐，郑岚.数字集群移动通信系统[M],北京：电子工业出版社，2008（1）.

[12]杨飞，李宝琦，王燕.集群通信系统在民航领域的应用与发展[J]沈阳大学学报，2005，12（17）77-79.

[13]卢山，窦海波.数字集群通信系统在地铁中的应用[J],中国新通信，2015

（1）79.

[14]李磊.数字集群通信在中国民航空管系统的发展应用研究[J],硅谷,2014（1）3-4.

[15]崔燕明,刘孝先,吴维农,谈宏量.信息管理与指挥系统的建设方案[J],系统通信,2009（30）200,33-36.

[16]庞宝茂,肖刚,杜思深等.现代移动通信[M].北京:清华大学出版社,2004,15-21.

[17]张乃通,徐玉滨,谭学治等.移动通信系统[M].哈尔滨:哈尔滨工业大学出版社,2001,182-208.

[18]楼颖稚,张肖宁.建设山西信息管理与系统方案探讨[J].山西,2010（2）1,44-46.

[19]姜斌.数字集群通信系统的特点及在新建铁路上的应用[J].电气化铁道,2005（1）42-44.

[20]张雅丽.警用地理信息系统的设计研究[J],中国人民公安大学学报（自然科学版）,2009.

[21]谢涛.集群通信网络在我国的发展分析及无线网络规划方案[D].上海:复旦大学,2011.

[22]董杉.数字集群通信保障工作中的风险管理研究[D].北京:北京邮电大学,2012.

[23]李侠宇.国内数字集群的发展和技术比较[J].移动通信,2007(03):17-20.

[24]盛石新,郭立新.浅谈数字集群通信在我国的发展前景[J].中国无线电管理,2003（01）:53-55.

[25]郑祖辉.数字集群通信路正长——国内数字集群通信经营应用现状及问题分析[J].中国无线电管理,2002（10）:51-54.

[26]彭绍华.我国数字集群通信未来发展趋势[J].中国新通信,2007(9):76-80.

[27]李建军.我国数字集群发展现状探讨[J].通讯世界,2015（8）:270-271.

[28]叶涛.基于软交换技术的下一代网络构架的研究[D].武汉理工大学,2006.

[29]赵慈玲，叶华.以软交换为核心的下一代网络技术[M].北京：人民邮电出版社，2002（8）：33-44，99-110.

[30]赵慧玲，徐向辉.NGN 的研究进展[J].电信科学，2004（1）：30-35.

[31]殷天峰.下一代网络（NGN）与软交换[J].系统通信，2005（3）：38-39.

[32]陶晨，熊晶晶，刘继明.开放式业务体系结构[J].现代电信科技，2002（7）：26-30.

[33]Davi R Gorton.The Internet Meets the Intelligent Network Open APIs and IT Integration，White paper.

[34]杨啸帅.信息管理综合通信系统研究[D]，济南：山东大学，2014.

[35]余爱群.基于嵌入式 Linux 的 3G 无线网口通系统的设计和实现[D].北京邮电大学，2010.

[36]库永恒，邓小磊.3G 网络和卫星通信在电网应急抢险中的应用[J].科技创新导报，2010（18）：43-44.

[37]肖志力，孙荣庆.基于卫星的 3G WCDMA 系统的 Iub 接口 IP 互连方法[J].信息化研究，2011，37（5）：21-23.